Band 20 · Juli 1984

7

isotopenpraxis

AKADEMIE-VERLAG

ISSN 0021–1915 Isotopenpraxis, Berlin 20 (1984) 7, 241–284

EVP 9,– M

An unsere Autoren

Die Zeitschrift veröffentlicht Beiträge zu folgenden Themen: Kontrolle und Analyse radioaktiver und stabiler Isotope, Anwendung radioaktiver und stabiler Isotope in allen Gebieten der Forschung und Technik, der Industrie, Landwirtschaft und Medizin, Herstellung radioaktiver und stabiler Isotope sowie von markierten Verbindungen, kernelektronische Geräte für die Isotopenanwendung (Dickenmesser, Dichtemesser u. ä.) Detektoren für isotopentechnische Arbeiten und den Strahlenschutz in Isotopenlaboratorien, Meßtechnik und Strahlenschutz, Dosimetrie in Isotopenlaboratorien, kerntechnische Geräte für die Isotopenanwendung (Beton, Bestrahlungsanlagen u. ä.), Strahlenchemie, Radiochemie, ökonomische und perspektivische Fragen, Fragen der Weiterbildung.

1. Aufnahme von Manuskripten

Zur Veröffentlichung angenommen werden nur druckreife, noch nicht anderweitig publizierte Beiträge in deutscher, englischer oder russischer Sprache zum Themenbereich der Zeitschrift und zwar

- Originalarbeiten
- Kurze Mitteilungen
- Aus der Praxis
- Zusammenfassende Berichte
- Tagungsberichte
- Informationen

Sind der Beitrag oder Teile daraus bereits veröffentlicht oder ist eine anderweitige Veröffentlichung vorgesehen, so muß dies der Redaktion mit genauer Angabe der Zweitveröffentlichung mitgeteilt werden. Mit der Annahme des Manuskriptes behält sich der Verlag das Recht der Vervielfältigung, Verbreitung und Übersetzung innerhalb der gesetzlichen Schutzfrist vor. Auszugsweiser Nachdruck oder photomechanische u. a. Wiedergabe sind an eine schriftliche Genehmigung des Verlages gebunden. Manuskripte, Zeichnungen und Photos von veröffentlichten Arbeiten werden nur auf den besonderen und bis zum Zeitpunkt der Veröffentlichung mitgeteilten Wunsch des Autors zurückgesandt.

Bei der unverlangten Einreichung von Manuskripten wird empfohlen, eine Befürwortung eines der Herausgeber oder Redaktionsausschußmitglieder beizufügen.

Manuskripte sind einzureichen bei der Redaktion, 1086 Berlin, Leipziger Str. 3–4.

2. Form der Manuskripte

Die Autoren werden gebeten:

2 Manuskripte, eines davon in Original-Maschinenschrift, einseitig und mit 2zeiligem Abstand einzureichen; gut leserliche Photokopien sind zulässig; auf dem 1. Blatt (unter Weglassung der Bezeichnung)

- den Titel der Arbeit
- Vorname-Initialen und Namen sämtlicher Autoren
- gegebenenfalls die Institution, in der sie tätig sind
- eine kurze Zusammenfassung der Arbeit von höchstens 15 Zeilen
- Keywords in alphabetischer Reihenfolge und
- als Fußnote die Anschrift der Institution anzugeben;

wenn möglich, auf gesonderten Blättern Namen, Titel der Arbeit und Zusammenfassung in den beiden anderen obengenannten Sprachen 2fach beizufügen;

Literaturhinweise (fortlaufend numeriert), Fußnoten, Tabellen, Abbildungen (in 2–3facher Veröffentlichungsgröße), Abbildungsunterschriften (getrennt von den Abbildungen mit Zeichenerklärungen, Quellenangaben, falls erforderlich, und gegebenenfalls mit einem Vermerk für besondere Wünsche bezüglich der Abbildungsgröße), private und Dienstanschrift der Verfasser mit akademischen Titeln und ausgeschriebenen Vornamen auf besonderen Blättern ans Ende des Manuskriptes zu stellen;

Wünsche für den Kolumnentitel (Seitenüberschrift) bekanntzugeben;

Absätze durch Einzüge von mindestens 3 Anschlägen kenntlich zu machen; die Maßeinheiten des SI-Systems („Systeme International") zu verwenden; Korrekturen im Manuskript unmittelbar an der zu korrigierenden Stelle anzubringen;

Formeln deutlich lesbar und möglichst groß einzutragen;

Farbabbildungen und nachträgliche Änderungen oder Ergänzungen in Abbildungen zu vermeiden;

hervorzuhebende Textstellen zu unterstreichen, und zwar halbfetten Satz mit einer geraden schwarzen Linie, kursiven Satz (Schrägschrift) mit einer blauen Wellenlinie (alle Eigennamen). Sperrungen gestrichelt;

besondere Buchstaben durch farbige Unterstreichung zu kennzeichnen, und zwar Formelzeichen in

- Griechisch-Kursiv (α, β, ...) rot,
- Kursiv (*A*, *B*, ...) blau
- halbfetter Kursiv (***A***, ***B***, ..) 2 Linien blau (Vektoren),
- halbfetter Grotesk (**A**, **B**, ...) 2 Linien violett (Tensoren);

bei Literaturangaben auf Vollständigkeit zu achten. In nachstehender Reihenfolge müssen angegeben sein:

a) bei *Zeitschriften*: Vorname-Initialen und Namen sämtlicher Autoren, Titel der Zeitschrift (nach „Periodica Chimica" oder möglichst wenig gekürzt), Bandnummer (unterstrichen), Jahreszahl (in Klammern), Heftnummer (nur bei Zeitschriften, die jedes Heft mit S. 1 beginnen) sowie die Seitenzahl, auf der die zitierte Arbeit beginnt.

b) Bei *Büchern*: Initialen der Vornamen und Name des Autors (Herausgeber werden durch den Zusatz „ed." gekennzeichnet), voll ausgeschriebener Titel des Buches in der Originalsprache, evtl. Bandnummer, voll ausgeschriebener Name des Verlages, Nummer der Auflage (außer der ersten), Erscheinungsort(e), Erscheinungsjahr (hier nicht in Klammern setzen!) und evtl. Kapitelnummer, Seitenzahl u. ä.

c) bei *Sammelbänden, Tagungsberichten*: Es soll zusätzlich der Titel des zitierten Beitrags angegeben werden. Die Seitenzahl muß unbedingt angegeben werden. Aus dem Zitat muß hervorgehen, ob es sich um einen Tagungssammelband oder um einen noch nicht veröffentlichten Vortrag handelt. Zwischen Tagungsort und Erscheinungsort des entsprechenden Tagungsberichts ist zu unterscheiden.

3. Korrekturen

Der Autor erhält zwei Umbruchabzüge, von denen einer möglichst schnell korrigiert an die Redaktion zurückgereicht werden soll. Auf Wunsch des Autors kann die Korrektur auch von der Redaktion gelesen werden.

Durch nachträgliche Manuskriptänderungen verursachte Korrekturkosten gehen, sofern sie 10% der Satzkosten übersteigen, zu Lasten des Autors.

Der Autor erhält 50 Sonderdrucke kostenlos. Weitere Sonderdrucke können bis zur Rückgabe der Korrekturabzüge auf Kosten des Autors bei der Redaktion bestellt werden.

Bezugsmöglichkeiten

Bestellungen sind zu richten

- **in der DDR** an den Postzeitungsvertrieb unter Angabe der Kundennummer des Bestellenden oder an den AKADEMIE-VERLAG, DDR-1086 Berlin, Leipziger Straße 3–4, PF-Nr. 1233;
- **im sozialistischen Ausland** an eine Buchhandlung für fremdsprachige Literatur oder an den zuständigen Postzeitungsvertrieb;
- **in der BRD und Berlin(West)** an eine Buchhandlung oder an die Auslieferungsstelle KUNST UND WISSEN, Erich Bieber OHG, Wilhelmstraße 4–6, D-7000 Stuttgart 1;
- **in den übrigen westeuropäischen Ländern** an eine Buchhandlung oder an die Auslieferungsstelle KUNST UND WISSEN, Erich Bieber GmbH, Dufourstraße 51, CH-8008 Zürich;
- **im übrigen Ausland** an den Internationalen Buch- und Zeitschriftenhandel; den Buchexport, Volkseigener Außenhandelsbetrieb der Deutschen Demokratischen Republik, DDR-7010 Leipzig, Postfach 160; oder an den AKADEMIE-VERLAG, DDR-1086 Berlin, Leipziger Straße 3–4.

Zeitschrift „Isotopenpraxis"

Herausgeber: Im Auftrag des Akademie-Verlages herausgegeben von Prof. Dr. Justus Mühlenpfordt
Verlag: Akademie-Verlag, DDR-1086 Berlin, Leipziger Straße 3–4, PF-Nr. 1233; Fernruf: 2236221 oder 2236229; Telex-Nr.: 114420;
Bank: Staatsbank der DDR, Berlin, Kto.-Nr.: 6836-26-20712
Verantwortlich für den Inhalt des Heftes: Prof. Dr. H. Hübner, Leipzig
Anschrift der Redaktion (Fernruf Frau H. Schier: 6351177) der Zeitschrift Isotopenpraxis: Akademie-Verlag, DDR-1086 Berlin, Leipziger Str. 3–4, PF-Nr.1233
Veröffentlicht unter der Lizenznummer 1527 des Presseamtes beim Vorsitzenden des Ministerrates der Deutschen Demokratischen Republik
Gesamtherstellung: VEB Druckerei „Thomas Müntzer", DDR-5820 Bad Langensalza
Erscheinungsweise: Die Zeitschrift „Isotopenpraxis" erscheint monatlich. Die 12 Hefte eines Jahrganges bilden einen Band. Bezugspreis je Band 216,– M zuzüglich Versandspesen. Preis je Heft 18,–
Bestellnummer dieses Heftes: 1079/20/7

AN (EDV) 12831

In memoriam
ENGELBERT BRODA
29. August 1910 bis 26. Oktober 1983

Engelbert Broda, emeritierter ordentlicher Professor für Angewandte Physikalische Chemie und Biophysikalische Chemie an der Universität Wien, ist am 26. Oktober 1983 gestorben — das Herz eines großen Mannes hatte plötzlich versagt.

Er wurde in Wien am 29. August 1910 geboren. Nach der Matura (Abitur) begann er Chemie zu studieren, zuerst an der Universität Wien, dann in Berlin. Schon mit einem Dissertationsthema ausgestattet, mußte er 1933 wegen des beginnenden Nazi-Terrors Berlin verlassen. Er kehrte nach Wien zurück, dissertierte bei *Hermann Mark* am Institut für Physikalische Chemie und promovierte 1934 mit Auszeichnung. Er arbeitete dann als Privatassistent Marks.

Schon früh politisch interessiert und aktiv, geriet Broda bald in scharfen Gegensatz zum Austrofaschismus, der klerikal dominierten Spielart totalitären Regierens in Österreich, und wurde mehrere Male verhaftet. Einmal gelang ihm die Flucht in die Tschechoslowakei. Von dort konnte er kurioserweise im Rahmen einer kleinen Amnestie für politische Vergehen, die eigentlich für Nazis gedacht war, wieder nach Österreich zurückkehren. Wenige Tage nach dem „Anschluß" an Nazi-Deutschland verließ er 1938 seine Heimat. Er selber sagte von sich viel später, daß die Bedrohung durch die Nazis ihm geholfen hätte, seiner Verwurzelung in der österreichischen Geisteswelt und Geschichte gewahr zu werden. Er wurde zum lebenslangen aufrechten Patrioten ohne jeden Chauvinismus.

Er emigrierte nach Großbritannien und arbeitete zunächst am University College in London über die Photochemie des Sehpurpurs. Bei Kriegsausbruch und noch einmal im nächsten Jahr wurde er jeweils einige Monate lang interniert. Ende 1940 begann er in Cambridge im Cavendish-Laboratorium Forschungen für die Atomenergie-Abteilung des Department of Scientific and Industrial Research. Alle abkömmlichen britischen Physikochemiker waren zu dieser Zeit schon in früher aufgenommenen kriegswissenschaftlichen Forschungen (wie Radar, magnet. Minen usw.) eingesetzt und so griff man auf Ausländer für die radiochemische Grundlagenforschung zur Kernenergie-Gewinnung zurück. Er arbeitete dort mit dem renommierten Radiochemiker *N. Feather* zusammen, u. a. über Neutroneneinfang durch Urankerne. Gemeinsam haben sie auch das Radium E′ entdeckt.

Schon in dieser Zeit begann die Beschäftigung mit der Wissenschaftsgeschichte und vor allem mit *Ludwig Boltzmann*, in dem Broda dann auf Grund seiner Studien einen der größten Physiker aller Zeiten erkannte und dessen grundlegende Bedeutung heute allgemein bestätigt wird. Broda schrieb später die erste und bisher einzige Biographie Boltzmanns, er hat sich in den letzten Jahren auch intensiv mit anderen Großen der Naturwissenschaft, wie *Einstein*, *Planck*, *Mach*, *Nernst*, *Ostwald*, auseinandergesetzt und ihr geistiges Umfeld und ihre Beziehungen untereinander durchleuchtet. Die Stellung der Wissenschaft im monarchistischen und im heutigen Österreich waren ein weiteres Untersuchungsfeld. Historische Hinweise kamen auch in seinen Vorlesungen reichlich vor; nicht nur, um sie damit zu beleben, sondern aus der festen Überzeugung heraus, daß das vollständige Erfassen einer Wissenschaft nur bei Kenntnis ihrer Geschichte möglich ist.

Broda kehrte im Jahre 1947 nach Österreich zurück. Er war kurze Zeit am Ministerium für Energiewirtschaft angestellt, arbeitete aber schon nebenbei an der Universität. 1948 erfolgte die Habilitation und fortan arbeitete er am Institut für Physikalische Chemie der Universität Wien.

Er begründete an diesem Institut die radiochemische Abteilung und konnte so das neue Wissen auf Österreich übertragen. Einer breiteren Zugänglichmachung radiochemischen Wissens dienten Bücher, u. a. „Radioaktive Isotope in der Biochemie" (1958) und das besonders erfolgreiche und vielfach übersetzte, zusammen mit *T. Schönfeld* geschriebene „Die technischen Anwendungen der Radioaktivität" (1956, 1962, 1966). Experimentelle Untersuchungen galten am Anfang u. a. dem Szilard-Chalmers-Effekt; die schon früher geweckte Liebe für biologische Fragestellungen richtete sich zunächst auf methodische Arbeiten über empfindliche Messung von ^{14}C (Gaszählrohr). Es folgten u. a. Untersuchungen am Stoffwechsel tierischer Zellen in Kultur, besonders in Hinblick auf den Anteil von Atmung und Gärung. Auch die naturgemäßerweise sehr geringe Atmung von Bakteriensporen konnte gemessen werden.

In den sechziger Jahren standen Arbeiten über die Energieversorgung des aktiven Ionentransports durch Membranen lebender Zellen und über die Energieabhängigkeit der Aufnahme schwerer Spurenelemente (Zn, Cd, Pb, Cu usw.) durch Algen-, aber auch durch Bakterien- und Hefe-Zellen im Vordergrund. Die Arbeiten über Bioenergetik wurden wieder aufgenommen, diesmal an Blaualgen (Cyanobakterien), weil sie entwicklungsgeschichtlich wegen ihrer Stellung zwischen Bakterien und grünen Pflanzen eine enorme Rolle spielen. Zu den experimentellen Arbeiten kamen in den siebziger Jahren tiefschürfende vergleichend-theoretische Überlegungen über die Evolution der Bioenergetik lebender Zellen. Sie fanden vor allem in dem Buch "The evolution of bioenergetic processes" ihren Niederschlag, das binnen kurzem zwei Auflagen erlebte (1975, 1978) und ein Standardwerk wurde.

Der Umschlag dieses Buches zeigt das berühmte Bild von *van Gogh* mit dem Sämann und der riesigen Sonne im Hintergrund. E. Broda, wie ihn seine Mitarbeiter fast ausschließlich kannten, war von den neuen Aussichten zur Nutzung der Sonnenenergie begeistert und erhoffte von der genauen Kenntnis des photosynthetischen Apparates der Pflanzen einen möglichen praktischen Beitrag. Gefördert wurde sein Eifer um breitere Forschungen auf dem so lange vernachlässigten Gebiet der Sonnenenergie von seiner Einstellung zur Kernenergie. Wie fast alle anderen Naturwissenschaftler und Techniker hatte er früher die Möglichkeiten und praktische Verwertbarkeit überschätzt und ihre Risiken technischer und vor allem politischer Natur unterschätzt. Nun war er zu einer sehr differenzierten Haltung gekommen und wurde Mitte der siebziger Jahre von einem Befürworter zu einem gemäßigten Ablehner; zumindest in bezug auf Österreich und für die meisten Industrieländer.

Wesentliche Beiträge der Sonnenenergie sollten auch zum Einhalt einer hemmungslosen Nutzung der Wasserkraft führen. Broda hatte zusammen mit lokalen Bürgermeistern einen zwölfjährigen Kampf um die Rettung der berühmten Strom- und Kulturlandschaft der Wachau geführt, die durch einen geplanten Kraftwerksbau bedroht war. Heute ist das Kraftwerk Dürnstein ad acta gelegt. Und zu den zahlreichen Ehrungen wissenschaftlicher Natur kam der „Österreichische Naturschutzpreis".

Wissenschaftler, die sich in einen elfenbeinernen Turjm setzen oder denen die Auswirkung ihres Tuns gleichgültig ist, entziehen sich ihrer gesellschaftlichen Verantwortung. Wissenschaft darf niemals Selbstzweck sein; sie wird von Menschen gemacht, und sie muß ausschließlich **für** Menschen gemacht werden. Besonders alarmiert war Broda von den ungeheuren Gefahren der modernen Rüstung und im besonderen der mit Atomwaffen. In den letzten Jahren hat er einen großen Teil seiner Zeit Friedensaktivitäten gewidmet. Er war zuerst Vizepräsident, dann Präsident der „Vereinigung österreichischer Wissenschafter", des österreichischen Zweigs der Pugwash-Bewegung. Er hielt zahlreiche Vorträge über Fragen der Rüstung, über Atomwaffen, über Verantwortlichkeit (auch sein letzter Vortrag, wenige Tage vor seinem Tod, galt diesem Thema: „Wissenschafter im Wettrüsten und ihre Verantwortung") vor den verschiedenartigsten Zuhörerkreisen, am liebsten vor jungen Menschen. Diese Vorträge waren von verhaltener Glut erfüllt, schlugen aber ihre Zuhörer gerade wegen ihrer Sachlichkeit in Bann. Auch sonst warnte er vor unbedachter, falsch verstandener oder bloß wirtschaftlich begründeter Handhabung wissenschaftlicher Errungenschaften: z. B. trat er mehrere Male vehement gegen scheinbare biopositive Wirkungen radioaktiver Strahlen auf, für die es keine Beweise gibt.

Broda war ein hervorragender Vortragender. Gleich, über welche Themen er sprach, der Hörsaal war gefüllt. Die Studenten liebten seine lebhaft und ungezwungen gehaltenen Vorlesungen. Von der internationalen Atomenergieorganisation wurde er mehrere Male zur Abhaltung von Ausbildungskursen eingeladen.

Broda wurde Mittelpunkt zahlreicher Ehrungen: Naturwissenschaftspreis der Stadt Wien, Fritz Pegel-Preis der Österreichischen Akademie der Wissenschaften, Ehrenmitglied der österreichischen Biophysikalischen Gesellschaft, Österreichisches Ehrenkreuz für Wissenschaft und Kunst I. Klasse, Auswärtiges Mitglied der Akademie der Wissenschaften der DDR, Ehrendoktor der Humboldt-Universität in Berlin. Ehrungen haben Broda gefreut, aber er hat sie still entgegengenommen und davon kein Aufheben gemacht. Die letzte Würdigung war ein Ehrengrab der Stadt Wien.

Wenn wir den ganzen Menschen sehen wollen, müssen auch einige Schwächen Erwähnung finden: Menschen erfuhren eine Schwarz-Weiß-Einteilung. An großen Männern wollte er keine Schattenseiten wahrhaben, Freunden und Mitarbeitern schrieb er gute Seiten zu, die sie gar nicht hatten, und an den ganz wenigen, die er nicht mochte, ließ er kein gutes Haar. Die hohe Tugend der Bescheidenheit dehnte er gelegentlich auch übertrieben weit auf seine Umgebung aus.

Broda war 1964 außerordentlicher, 1969 ordentlicher Professor geworden. 1980 erfolgte die Emeritierung, die sein Schaffen nicht im geringsten minderte. Seine Publikationsliste wuchs weit über 300 Titel hinaus. Seine Mitarbeiter und ihre Angehörigen freuten sich wie früher jährlich auf die gemeinsame mehrtägige Bergtour im Sommer und auf das herbstliche „Schwammerl-Suchen". Um so schmerzlicher war sein jäher Tod.

Für das hohe Ansehen, das Engelbert Broda unabhängig von Weltanschauung und politischer Stellung, unabhängig von Rang und Namen genoß, mögen einige Zitate dienen. „Wir bleiben ihm für sein Wirken unendlich dankbar", sagte der österreichische Wissenschaftsminister Dr. *H. Fischer* bei der Trauerfeier. „Mit seinem Tod hat das wissenschaftliche Leben, haben alle für Frieden und gesellschaftlichen Fortschritt engagierten Menschen einen unersetzlichen Verlust erlitten" stand in der „Volksstimme", dem Organ der Kommunistischen Partei Österreichs. „Sein Leben für den Frieden wird seinen Tod überdauern" schrieb Prälat Dr. *Ungar*, Leiter der österreichischen Caritas. Und die Vertreter der Studenten schlossen ihre Trauerbotschaft mit „Er hat die **gesellschaftliche Verantwortung des Naturwissenschafters** gelebt und uns damit ein Beispiel gegeben".

H. Springer-Lederer

Eingegangen am 2. 4. 1984

Isotopenpraxis **20** (1984) 7, S. 243 bis 247

Zum 50. Todestag von Marie Curie

In knapper Form werden Leben und Werk der Entdeckerin des Radiums nachgezeichnet.

Brief Homage to the Life and the Achievement of the Discoverer of Radium

Keywords

history; radioactivity; reviews

An den vielfältigen physikalischen Entdeckungen unseres Jahrhunderts haben Wissenschaftlerinnen einen bemerkenswerten Anteil. Man denke nur an *Emmy Noether* (1918 Zusammenhang zwischen Symmetrien und den physikalischen Erhaltungssätzen), *Alexandra A. Glagoljewa-Arkadjewa* (1923 Erzeugung elektromagnetischer Wellen zwischen 50 mm und 82 µm Wellenlänge), *Ida Noddack* (1934 Vorhersage der Kernspaltung u. a.), *Irène Joliot-Curie* (1934 künstliche Radioaktivität u. a.), *Marietta Blau* und *Hertha Wambacher* (1937 Sekundärprozesse der Höhenstrahlung), *Lise Meitner* (1939 Deutung der Kernspaltung u. v. a.), *Marguerite Perey* (1939 Entdeckung des Franziums), *Maria Goeppert-Mayer* (1949/50 Schalenmodell des Atomkerns u. a.) oder *Chien-Chung Wu* (1957 Paritätsverletzung bei der schwachen Wechselwirkung u. a.). Sie trugen dazu bei, das Gebäude der modernen Physik zu vervollkommnen. Entscheidende Beiträge zur Fundierung dieses Gebäudes leistete in herausragender Weise *Marie Curie*, deren Todestag sich am 4. Juli d. J. zum 50. Male jährt. Aus diesem Anlaß sei im folgenden an ihr Leben und Werk erinnert.

Marie (eigentlich *Marya*) *Sklodowska* wurde am 7. November 1867 als letztes von fünf Kindern in Warschau geboren. Die Eltern, beide vielseitig gebildete Pädagogen, entstammten dem niederen polnischen Adel. Alle Geschwister waren sehr begabt. Marie konnte bereits mit vier Jahren lesen, verfügte über ein überraschend gutes Gedächtnis und fiel vor allem durch ihre außergewöhnliche Konzentrationsfähigkeit auf. Zeitig starb ihre Mutter. Der Vater stimulierte die Bildung seiner Kinder auf vielfältige Weise, doch ließen ihm seine beruflichen Pflichten, verbunden mit finanziellen Sorgen, wenig Zeit. Die häuslichen Verhältnisse wurden darüber hinaus in starkem Maße durch die politische Situation des damaligen Polen beeinträchtigt. Seit dem Wiener Kongreß stand der größte Teil Polens („Kongreßpolen") unter zaristischer Herrschaft, die das polnische nationale Eigenleben unterdrückte. Diese Bedingungen wirkten sich voll auf die Erziehung der Kinder aus, worüber Marie Curie in ihrer Selbstbiographie [1] bitter klagt. In angenehmer Erinnerung waren ihr die zahlreichen Landaufenthalte bei Verwandten und die Beschäftigung mit der Poesie, insbesondere, nachdem sie Fremdsprachen beherrschte. (Sie begann frühzeitig Französisch, Deutsch, Russisch und später auch Englisch zu lernen.)

Im Alter von 15 Jahren absolviert sie das Gymnasium mit einer Goldmedaille und genießt dann ein knappes Jahr der Entspannung auf dem Lande. Darauf arbeitet sie einige Jahre als Hauslehrerin, erst in der Provinz, später wieder in Warschau. In ihrer Freizeit lehrt sie Dorfkindern das Lesen und Schreiben und widmet sich ihrer eigenen Weiterbildung. Sie legt sich nun endgültig auf Mathematik und Physik fest und trifft Vorbereitungen für ein Studium in Paris. (Die Hochschulen im damaligen Polen waren den Frauen verschlossen.) Sie ergänzt ihre Kenntnisse zunächst „mit Hilfe wahllos gesammelter Bücher", hat in einem Labor auch Gelegenheit zu einigen Experimenten, die ihre Neigung zur exakten Naturwissenschaft festigen, und gewinnt schließlich Anschluß an eine Gruppe bildungsbeflissener, fortschrittlich gesinnter Jugendlicher. Die dortige Atmosphäre geistiger und sozialer Kameradschaft hat *Marie Sklodowska* nachhaltig beeinflußt, und noch vierzig Jahre später bekennt sie sich zu den damaligen Idealen: „Wir dürfen nicht hoffen, eine bessere Welt zu erbauen, ehe nicht die Individuen besser werden. In diesem Sinn soll jeder von uns an seiner eigenen Vervollkommnung arbeiten, indem er auf sich nimmt, was ihm . . . an Verantwortlichkeit zukommt, und sich seiner Pflicht bewußt bleibt, denen zu helfen, denen er am ehesten nützlich sein kann." (zit. nach [2]). In jenem Kreis nahm sie auch positivistisches Gedankengut in sich auf, was ihr nach *O. A. Staroselskaja-Nikitina* [3] später dazu verhalf, den atomaren Charakter der Radioaktivität zu verstehen.

Im Novemer 1891 immatrikuliert sich *Marie Sklodowska* an der Sorbonne. Sie lebt sehr bescheiden und nach anfäng-

Abb. 1. *Marie Sklodowska* als Studentin in Paris (Zeichnung)

licher Geselligkeit, vor allem mit jungen polnischen Intellektuellen, auch sehr zurückgezogen, um sich völlig auf das Studium zu konzentrieren. Mit ausgezeichneten Leistungen erhält sie die Lizentiate in Physik (1893) und Mathematik (1894). 1896 legt sie noch eine Prüfung ab, die sie zum Lehren an Mädchenschulen und zum Tragen des Professorentitels berechtigt. Der nächste Abschnitt in ihrer akademischen Laufbahn, die Arbeit an der Dissertation, fällt schon ganz in das für ihr persönliches und wissenschaftliches Leben so entscheidende Jahrzehnt ihrer Ehe mit *Pierre Curie*. Die Ehe, im Juli 1895 geschlossen, war einzigartig in der Ähnlichkeit der Charaktere und Neigungen und in der Gemeinsamkeit des wissenschaftlichen Forschens. Während aber *Pierre Curie* noch den Typ des Universalphysikers aus dem 19. Jahrhundert verkörperte, widmete *Marie Curie* ihr Schaffen fast ausschließlich einem Spezialgebiet — der Radioaktivität [4]. Hierin ist sie *Ernest Rutherford* vergleichbar, der sich unter dem Einfluß der „heroischen Experimente Pierre und Marie Curies" [5] ebenfalls auf das Gebiet der Radioaktivität und damit zusammenhängender Erscheinungen spezialisierte.

Diese heroischen Experimente prägten maßgebend die auf die Entdeckung der Röntgenstrahlung folgende „Periode der Zweifel" (*Poincaré*). Durch *Röntgens* Veröffentlichung vom Januar 1896 (und *Poincarés* falsche Hypothese über die Ursache der Strahlung) angeregt, entdeckte *Becquerel* im Februr 1896 die Uranstrahlung; er erkannte, daß sie in keinem ursächlichen Zusammenhang mit der Phosphoreszenz steht und die Luft ionisiert. Als sich *Marie Curie*, *Becquerels* Schülerin, diese Thematik im Dezember 1897 für ihre Dissertation auswählte, standen ihr als einzige Literaturquellen nur die wenigen Mitteilungen *Becquerels* an die französische Akademie zur Verfügung. Am wichtigsten schienen ihr zunächst genaue Messungen der Ionisationsströme zu sein. Mittels einer von *Pierre* und seinem Bruder *Jacques Curie* entwickelten empfindlichen Elektrometeranordnung — es konnten Ströme $<10^{-11}$ A gemessen werden [6] — besaß sie ein ausgezeichnetes Instrumentarium, das sie für alle ihre Untersuchungen immer wieder benutzte [7]. Nach einigen Wochen Arbeit stand die Proportionalität von Strahlungsintensität und Urangehalt der untersuchten Substanzen fest. Ihr nächstes Resultat ließ nicht lange auf sich warten: Bei einer Durchmusterung aller bekannten chemischen Elemente entdeckte sie — unabhängig von *Gerhard Carl Schmidt* — eine ähnliche Wirkung beim Thorium und prägte daraufhin den Begriff „Radioaktivität".

Während man nach der zufälligen Entdeckung *Röntgens* im Ablauf der Ereignisse eine gewisse Folgerichtigkeit erblicken kann, ist es doch wieder ein glücklicher Zufall, daß *Marie Curie* nun „mit einem Male Luft bekommt, aus der Mineraliensammlung der Schule für Physik zu schöpfen und die verschiedenen Proben aufs Geratewohl, wie zur Unterhaltung" [2], auf Radioaktivität zu prüfen. Daß Pechblende und Chalkolith weitaus intensiver strahlten, als es ihrem Urangehalt entspricht, deutete *Marie Curie* nach sorgfältiger Überprüfung richtig als Strahlung eines unbekannten sehr aktiven Elements. *Pierre Curie*, bisher nur indirekt beteiligt, schaltete sich im Frühjahr 1898 voll in diese Arbeiten ein, und es begann eine achtjährige enge Zusammenarbeit.

Da die genannten Mineralien bereits ziemlich genau erforscht waren, vermutete *Marie Curie* einen Gehalt des unbekannten Elements von etwa 1%. Es zeigte sich jedoch später, daß z.B. die Pechblende Radium nur im (Massen-) Verhältnis $1:(7 \cdot 10^6)$ enthält. (Polonium ist noch 4500mal seltener.) „Ob wir in unserer Absicht durchgehalten hätten, wenn uns der wirkliche Gehalt . . . bekannt gewesen wäre, ist sehr fraglich. Das eine nur kann gesagt werden, daß uns die Fortschritte unserer Arbeit in einer unerhörten Spannung hielten, obwohl immer größere Schwierigkeiten auftraten", schreibt *Marie Curie* in ihrer Selbstbiographie. Mittels des analytischen Trennungsganges erhielt das Ehepaar aus der Pechblende zwei Fraktionen erhöhter Aktivität. Das in der Wismutfraktion enthaltene Element nannte *Marie* nach ihrem Heimatland Polonium (Juli 1898). Zusammen mit *G. Bémont* gelang es, in der Bariumfraktion so viel Radium anzureichern, daß es sich durch eine im Maße der Radioaktivität zunehmend intensivere (von *Demarsay* entdeckte) Linie im UV-Spektrum zu erkennen gab. Die Mitteilung über die Entdeckung des Radiums erschien im Dezember 1898, also ein Jahr nach Beginn dieser so außerordentlich erfolgreichen Forschung. Das war aber erst der Anfang einer Titanenarbeit, galt es doch nun, das Radium in wägbarer und chemisch reiner Form darzustellen. (Entsprechend ihrer einjährigen Erfahrung konzentrierten sich die *Curies* auf das „häufigere" Radium. Später hat *Marckwald* aus Pechblende auch Polonium isoliert [8].)

Während *Rutherford* in Montreal die denkbar besten Arbeitsmöglichkeiten vorfand, verarbeiteten die *Curies* in Paris riesige Mengen von Pechblende-Rückständen unter den unwürdigsten Bedingungen in einem baufälligen, kaum heizbaren Schuppen (vgl. [2]). *Pierres* und ab 1900 auch *Maries* Lehrtätigkeit beanspruchten sehr viel Zeit, das Gehalt reichte aber kaum zum Nötigsten; Bemühungen zur Verbesserung der finanziellen Situation scheiterten kläglich an der Ignoranz der akademischen Einrichtungen. Im Laufe jener vier Jahre hatte sich eine Arbeitsteilung ergeben: Während *Pierre* vor allem die physikalischen Eigenschaften der immer aktiver werdenden Produkte erforschte, beschäftigte sich *Marie* weiter mit der chemischen Anreicherung und leistete dabei Schwerstarbeit. Im Jahre 1902 besitzt sie endlich ein Dezigramm sehr reines Radiumchlorid, an dem sie erstmals eine Atomgewichtsbestimmung des Radiums vornimmt und die Entdeckung des Elements endgültig sicherstellen kann.

Die Methode der fraktionierten Kristallisation zur Trennung des Radiums von seinem Homologen Barium wurde über Jahrzehnte hinweg von anderen Forschern unverändert übernommen. Da die *Curies*, wie auch *Röntgen*, jeden Patentschutz ablehnten, begann schon um die Jahrhundertwende eine außerordentlich stürmische Entwicklung der neuen Disziplin, wobei Prioritäten vielfach nicht genau angebbar sind. Die von *Walkhoff* und *Giesel* im Jahre 1900 entdeckte und von *Becquerel* und *Pierre Curie* in Selbstversuchen getestete physiologische Wirkung des Radiums rückte es noch mehr in den Blickpunkt des öffentlichen Interesses, und sehr bald entstand eine Radiumindustrie. Aus den Rückständen der Uranverarbeitung isolierte man immer neue Nuklide. Die zahlreichen physikalischen Entdeckungen waren in ihrer Vielfalt verwirrend und teilweise unverständlich. Insbesondere ergaben sich Fragen nach der Ursache der Strahlung (im Zusammenhang mit der vermeintlichen Unveränderlichkeit der Atome) und nach der Ursache der 1902 von *Pierre Curie* und *A. Laborde* entdeckten Wärmeemission des Radiums (im Zusammenhang mit dem Energieerhaltungssatz). Die Klärung dieser Probleme durch *Rutherford*, *Soddy*, *Schweidler* und andere hat maßgebend die modernen Vorstellungen vom Aufbau der Materie mitgeprägt. Insofern sprach *Poincaré* vom „großen Revolutionär Radium", und *H. Lipson* schrieb 1968: „Ohne die Entdeckung des Radiums wäre ein großer Teil der darauffolgenden Arbeiten unmöglich gewesen, und wir hätten vielleicht bis zum heutigen Tage noch keine Erklärung für die Radioaktivität gefunden." [6] Noch höher als die Entdeckung des Radiums bewertet *Soddy* [9] *Marie Curies* von Anfang an verfolgtes Leitprinzip, daß die radioaktive Strahlung eine Atomeigenschaft sei. An dieser Stelle ist zu erwähnen, daß *Marie Curie* bereits in einer Veröffentlichung vom Januar 1899 – also einige Jahre vor *Rutherford* und *Soddy*! – in klarer Weise von der Radioaktivität als einer Atomumwandlung spricht. Ihre Schülerin *A. Dorabialska* weist darauf hin, daß sich *Marie Curie* (1904) sogar zu einer „sehr delikaten, aber völlig bestimmten" Polemik gegenüber *Pierre Curie* und *André Debierne* veranlaßt sah, die eine weniger revolutionäre Theorie des radioaktiven Zerfalls anstrebten (vgl. [3], S. 81).

Im Juni 1903 verteidigte *Marie Curie* ihre Dissertation, nachdem sie in den Jahren zuvor bereits zahlreiche Zeitschriftenartikel publiziert hatte. Die Dissertation, bald darauf in revidierter Form als Buch erschienen und in mehrere Fremdsprachen übersetzt, vermittelte einen gründlichen Überblick über alle damals bekannten Fakten und theoretischen Vorstellungen zur Radioaktivität. (Eine illustrative Abbildung daraus ist von zahlreichen Physik-Lehrbüchern übernommen worden: die Zerlegung der radioaktiven Strahlung durch ein Magnetfeld. Mit *Rutherford* ist zu bemerken, daß dabei die Ablenkung der Alphateilchen sehr übertrieben dargestellt ist.)

Die Arbeiten der *Curies* wurden nun in zunehmendem Maße gewürdigt. Im Novemer 1903 erkannte man beiden die Davy-Medaille und im Dezember (gemeinsam mit *Becquerel*) den Nobelpreis zu. Letzterer bedeutete eine große finanzielle Hilfe für die weiteren Forschungen; den erlangten Ruhm jedoch empfanden sie als schmerzlichen Eingriff in ihr Privatleben. Jetzt endlich räumt man *Pierre Curie* einen Lehrstuhl an der Sorbonne ein, und *Marie*, die ihre bisherigen Forschungen ohne offiziellen Titel und ohne Gehalt geleistet hatte, erhält die Stellung eines Assistenten. Beider sehnlichster Wunsch, der nach einem angemessenen Laboratorium, geht aber nicht in Erfüllung.

Zwanzig Jahre konzentrierter Arbeit, übermäßiger Anstrengungen und unzureichender Arbeitsbedingungen haben die Gesundheit *Marie Curies* untergraben. Sie ist übermüdet, erschöpft und mutlos. Erst nach der Geburt ihrer zweiten Tochter (*Eve*) im Dezember 1904 (*Iréne* wurde 1897 geboren) findet sie allmählich ihr inneres Gleichgewicht wieder – bis ihr Mann *Pierre* im April 1906 tödlich verunglückt. Dies ist der härteste Schicksalsschlag in ihrem Leben. Unfähig, über ihre berufliche Zukunft nachzudenken, weiß sie aber eines: „Ich bin noch jung genug, um für mein Leben und für das meiner Kinder aufzukommen" und lehnt eine vorgeschlagene Pension glattweg ab. Prominente Wissenschaftler veranlassen die Behörden, ihr den Lehrstuhl *Pierres* anzuvertrauen. Damit wird sie die erste Hochschullehrerin in Frankreich.

Die verbesserte soziale Lage, wissenschaftliche Preise und Spenden ermöglichen es *Marie Curie*, ihre Forschungen mit einer wachsenden Zahl von Mitarbeitern erfolgreich fortzusetzen. Um die Atomgewichtsbestimmung zu wiederholen, stellt sie eine größere Menge sehr reinen Radiumchlorids her. Sie dehnt die Untersuchungen zur Radioaktivität auf weitere Substanzen aus, entwickelt in mühevoller Arbeit verbesserte Trennverfahren (z.B. für die Radium-Emanation) und verfeinert vor allem die Meßtechnik: Nach ihrer Methode lassen sich aus Messungen der Emanation Radiumgehalte von weniger als 10^{-6} g sicher bestimmen; sie nimmt auch das Problem der Radiumstandards in Angriff. Daneben widerlegt sie gemeinsam mit ihrer Schülerin *E. Gleditsch Ramsays* vermeintliche Entdeckung einer Transmutation von Kupfer in Lithium, ediert *Pierre Curies* Werke, verfaßt eine knapp 1000 Seiten umfassende Monographie über Radioaktivität und erhält nach äußerst diffiziler gemeinsamer Arbeit mit *A. Debierne* im Jahre 1910 zum ersten Male metallisches Radium (mittels Elektrolyse einer wäßrigen Radiumchloridlösung und nachfolgender Zersetzung des an der Quecksilberkatode gebildeten Radiumamalgams). Ihre Gruppe publizierte von 1906 bis 1910 etwa 70 Forschungsarbeiten.

Abb. 2. *Marie Sklodowska-Curie*

Im Jahre 1911 verschlechterten sich *Marie Curies* Gesundheit und psychische Verfassung auf längere Zeit in besorgniserregender Weise. Dennoch unternahm sie die beschwerliche Fahrt nach Stockholm, um den zweiten Nobelpreis entgegenzunehmen, und reist 1913, immer noch krank, zur Einweihung des polnischen Radiuminstituts nach Warschau. Mittlerweile wird für sie auch in Frankreich ein Radiuminstitut gebaut und im Juli 1914 fertiggestellt.

Im ersten Weltkrieg widmet die Polin ihre ganze Kraft dem zweiten Vaterland. Sie stellt ihre aus dem Osirispreis und den Nobelpreisen stammenden Geldvorräte dem Staat als Kriegsanleihe zur Verfügung (womit sie ihr praktisch verlorengehen) und organisiert in beispielloser Weise den in Frankreich bisher kaum entwickelten Röntgendienst. „Aus der schüchternen ist mit einemmal eine anspruchsvolle, autoritär auftretende Person geworden" [2]. 20 Privatautos, die sie ihren Besitzern schonungslos abringt, baut sie in fahrbare Röntgenstationen um, sie lernt Anatomie und Autofahren, richtet in Frankreich 200 radiologische Zentren ein, untersucht persönlich über tausend Verwundete und bildet – später unter Mithilfe ihrer Kollegin *Klein* und der Tochter *Iréne* – eine große Zahl von Röntgenassistenten (allein von 1916 bis 1918 einhundertfünfzig Helferinnen) aus. Um ihr einziges Gramm Radium, ihren kostbarsten Besitz, vor den Angreifern zu schützen, hatte es *Marie Curie* in einer Abschirmung von 20 kg Blei zunächst eigenhändig nach Bordeaux gebracht, im Jahre 1915 aber wieder nach Paris zurückgeholt. Woche für Woche extrahierte sie in einer komplizierten Prozedur aus dem Radium die Emanation, um sie der Narben- und Hautbehandlung zur Verfügung zu stellen.

Nach dem Kriege, der sie materiell ruiniert und der ihre Gesundheit wiederum erschüttert hat, beginnt für *Marie Curie* in ihrem eigenen Institut ein geregelteres Leben. Sie kümmert sich zunächst um die Aufrechterhaltung des Emanationsdienstes in der von *Claude Regaud* geleiteten biologischen Abteilung und setzt in ihrer physikalischen Abteilung die im Jahre 1914 unterbrochene Arbeit fort. Allerdings entwickelt sich das Curie-Laboratorium vorerst verhältnismäßig langsam [10]. Dies liegt an der ungünstigen Nachkriegssituation, auch reicht die Radiummenge für weiterführende Untersuchungen nicht aus. Amerikanische Frauen sammeln Geld für ein Gramm Radium (etwa 100000 Dollar) und laden *Marie Curie* mit ihren Töchtern zu einer erlebnisreichen USA-Reise ein. Zurückgekehrt muß sie aber weiterhin um finanzielle Mittel kämpfen und wird gelegentlich mit der Frage konfrontiert, ob es nicht besser gewesen wäre, ihre in breitem Maße genutzten Erfindungen patentieren zu lassen. Doch ihre Auffassung ist unverändert: „Die Menschheit braucht . . . auch Schwärmer, deren Drang, gesteckte Ziele zu erreichen, derartig groß ist, daß sie ihre persönlichen Interessen völlig außer acht lassen, daß sie gar nicht in der Lage sind, an eigene materielle Vorteile zu denken."

Es gelingt *Marie Curie*, von Jahr zu Jahr ihr Laboratorium zu bereichern. Die belgischen Radiumwerke liefern tonnenweise Schlacken; sie erhält Subventionen, Stipendien. Neue Schüler sucht sie sich nach genauester Prüfung ihrer Fähigkeiten aus. Bis ins Detail überblickt sie die unterschiedlichen Aufgaben der Mitarbeiter, denen sie täglich mit ihrem ungeheueren Reichtum an Wissen und Erfahrung hingebungsvoll weiterhilft. Dabei „gleicht sie einem jener Schachmeister, die zwanzig, dreißig Patienten simultan spielen", schreibt *Eve Curie*. „Sie ist der großartigste Laboratoriumsleiter, den ich kenne", äußerte wiederholt *Jean Perrin*. Und *A. F. Joffe* berichtet : „Sie fühlte sich für jeden Versuch verantwortlich, den einer ihrer Schüler oder Mitarbeiter durchführte. Täglich prüfte sie selbst deren Folgerungen, dachte über die Versuche nach und tat alles, was in ihren Kräften stand, damit sie nicht einen einzigen Tag verloren." Sie erwartete auch von jedem Institutsbesucher förderliche Diskussionsbeiträge [11]. Ebenso hellsichtig für Vorzüge wie für Schwächen ließ sie keinen Fehler durchgehen. Besonders kritisch — auch bezüglich des sprachlichen Aspekts — beurteilte sie die zur Publikation vorgesehenen Manuskripte. Auf ungeschicktes Arbeiten reagierte sie sehr empfindlich. Sie selbst besaß eine außergewöhnliche Geschicklichkeit, und sie bei der praktischen Arbeit zu beobachten war ein beeindruckendes ästhetisches Erlebnis (vgl. [2], S. 513). Sie hatte die kernphysikalische Experimentiertechnik maßgebend mitgeprägt, und „alle Physiker, die aus Marie Curies Institut hervorgegangen sind, zeichneten sich durch eine hohe Experimentierkunst aus sowie durch Schärfe der Folgerungen und sorgfältige Überprüfung jedes Versuches. Das sind alles Spuren des Einflusses und der Erziehung von Madame Curie" [11]. In den Jahren von 1919 bis 1934 wurden unter ihrer Anleitung fast 500 Publikationen erarbeitet, davon etwa 30 von ihr selbst. (Im Anhang von [1] sind 50 wichtige Veröffentlichungen *Marie Curies* zusammengestellt.) Für die eigenen Experimente hatte sie sich ein Privatlabor reserviert; davon abgesehen arbeitete sie gern auf dem Fußboden, die Schreibtischplatte war ihr zu klein.

Ihrer Heimat bleibt *Marie Curie* bis ans Lebensende eng verbunden. Seit der Unabhängigkeit Polens trägt sie sich mit dem Gedanken an ein weiteres polnisches Radiuminstitut, das inbesondere der Krebsbehandlung dienen soll. Gemeinsam mit ihrer in Warschau lebenden Schwester organisiert sie eine große Spendenaktion in Polen, stellt ein Gutteil ihrer Ersparnisse zur Verfügung und sucht bei ihren amerikanischen Freundinnen erfolgreich um ein neuerliches Gramm Radium nach. Die Amerikareise wiederholt sich im Jahre 1929, und 1932 weiht sie in Warschau das neue Institut ein.

Marie Curie fühlte sich nicht nur für die Entwicklung der Wissenschaft in Frankreich und Polen verantwortlich. Sie reiste viel ins Ausland und vermittelte auf Kongressen, bei Jubiläen, in Vorträgen und bei Laboratoriumsbesuchen ihre Erfahrungen. Besonders engagiert bemühte sie sich seit 1922 in der Völkerbund-Kommission für geistige Zusammenarbeit um Vereinheitlichungen in der Wissenschaft, um die Verbesserung des Hochschulunterrichts und um die Förderung des Nachwuchses, ja sogar um die Koordinierung der wissenschaftlichen Arbeit in ganz Europa.

Eine Reihe von Plänen der Gelehrten konnten sich nicht mehr erfüllen. Die häufigen Belastungen ihrer Gesundheit, vor allem der sorglose Umgang mit ionisierender Strahlung, forderten Tribut. Zur letzten Botschaft an die junge Physikergeneration wurde ihre 1935 erschienene Monographie „Radioaktivität". Die Tochter *Irène Joliot-Curie*, seit den Kriegsjahren ihre engste Mitarbeiterin und im Jahre 1932 zur wissenschaftlichen Leiterin des Radiuminstituts ernannt, setzte als würdige Nachfolgerin ihr Werk fort. *Marie Curie* starb am 4. Juli 1934 im Alter von 67 Jahren. Sie war nicht nur eine in ihrer außergewöhnlichen Begabung, unerbittlichen geistigen Anspannung, totalen Aufopferung und in ihren bahnbrechenden Forschungsergebnissen einzigartige Wissenschaftlerin, sondern ebenso einzigartig als Mensch in der Unwandelbarkeit ihres lauteren Charakters.

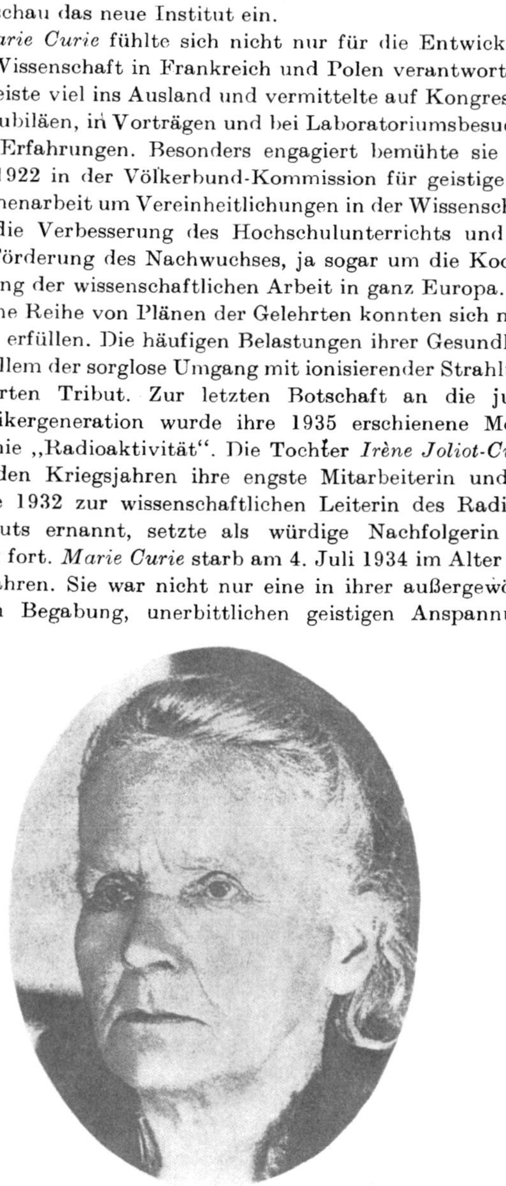

Abb. 3. *Marie Curie* (letztes Foto)

K.-P. Dostal
Zentralinst. für Isotopen- u. Strahlenforschung
7050 Leipzig, Permoserstr. 15

Eingegangen am 20. 12. 1983

Literatur

[1] *Marie Sklodowska-Curie*, Selbstbiographie. B. G. Teubner Verlagsges. Leipzig, 1962

[2] *E. Curie*, Madame Curie. Leipzig: Paul List Verlag 1968

[3] *О. А. Старосельская-Никитина*, История радиоактивности и возникновения ядерной физики. Москва: Изд. академии наук 1963

[4] *F. Joliot-Curie*, Wissenschaft und Verantwortung. Berlin: VEB Deutscher Verlag d. Wiss. 1962

[5] *A. S. Eve*, Rutherford, Cambridge 1939 (zit. nach [3], S. 69)

[6] *H. Lipson*, The Great Experiments in Physics. Edinburgh: Oliver and Boyd 1968

[7] *P. Huber*, Physik Bd. III/2. Basel: Ernst Reinhardt Verlag 1972

[8] Kleine Enzyklopädie Struktur der Materie. Leipzig: VEB Bibliographisches Institut 1982

[9] *F. Soddy*, The story of atomic energy. London: Nova Atlantis 1949

[10] *O. Wolczek*, Marie Sklodowska-Curie und ihre Familie, Leipzig: BSB B. G. Teubner Verlagsges. 1977

[11] *A. F. Joffe*, Begegnung mit Physikern. Leipzig: B. G. Teubner Verlagsges. 1967

Originalarbeiten

Isotopenpraxis 20 (1984) 7, S. 247 bis 259

Isotopenhydrologische Untersuchungen — Arbeiten aus dem GSF-Institut für Radiohydrometrie*)

H. Moser

(GSF-Institut für Radiohydrometrie)[1])

Umweltisotopengehalte, die das Wassermolekül oder Wasserinhaltsstoffe markieren, eignen sich in besonderer Weise für die zeitliche Differenzierung von Strömungsvorgängen im Grund- und Oberflächenwasser. Der mit solchen isotopenhydrologischen Untersuchungen erfaßbare Zeitbereich hängt von der Inputfunktion und von der Halbwertszeit des verwendeten Nuklids ab. Nach einem Überblick über neuere apparative und methodische Entwicklungen im GSF-Institut für Radiohydrometrie werden Beispiele von isotopenhydrologischen Untersuchungen zur Bestimmung der Akkumulation auf Gletschern und Eisfeldern, zur Erfassung von Niederschlag-Abflußbeziehungen, zur Uferfiltration und zur zeitlichen Differenzierung tiefliegender Grundwässer gegeben.

Environmental isotope contents labelling the water molecule or water ingredients are particularly well suited for differentiating between flow processes of different time origins in ground- and surface water. The detectable time intervals of such isotope hydrological investigations depend on the input function and on the half-life time of the applied nuclide. After a suvery on new instrumental and methodical developments in the GSF-Institut für Radiohydrometrie, examples are given for isotope hydrological investigations, such as the determination of accumulation on glaciers and icefields, the evaluation of precipitation-runoff relationships, bank filtration problems, and the age differentiation of deep groundwaters.

Keywords

carbon 14; hydrology; krypton 85; stable isotopes; tritium

1. Einleitung

In Berichten auf den beiden vorangegangenen Arbeitstagungen „Isotope in der Natur" [1, 2] wurde das Institut für Radiohydrometrie der Gesellschaft für Strahlen- und Umweltforschung (GSF) und seine Aktivitäten vorgestellt. Nach wie vor liegt der Schwerpunkt der Institutsarbeit auf der Nutzung der durch Umweltisotope gegebenen Markierungen im Wasserkreislauf. Die dabei erzielten Fortschritte werden dem Tagungsthema entsprechend wesentlicher Inhalt dieses Referats sein. Daneben laufen weiterhin methodische Arbeiten und praktische Anwendungen unter Verwendung absichtlich zugegebener Tracer. Die Weiterentwicklung der Einbohrlochmethode zur Bestimmung der Grundwasserfiltergeschwindigkeit und -fließrichtung (s. z.B. [3]) und der Krypton-85-Tracermethode zur Messung des physikalischen Sauerstoffeintrags in Fließgewässer [4] seien hierfür als Beispiele angeführt. Umfassende Informationen über alle Arbeiten des Instituts erfolgen laufend durch Jahresberichte, welche den Interessenten auf Wunsch zugesendet werden und in denen auch die Publikationen des Instituts aufgelistet sind.

2. Apparative und methodische Entwicklungen

Tab. 1 zeigt eine Zusammenstellung der Umweltisotope, welche als hydrologische Tracer verwendet werden bzw. geeignet wären. Sie können nach ihrer Halbwertszeit bzw. nach stabilen oder radioaktiven Nukliden eingeteilt werden. Sie lassen sich aber auch nach ihrer möglichen Wechselwirkung mit der Gesteinsmatrix des Grundwasserleiters klassifizieren, je nachdem, ob sie als Bestandteile des Wassermoleküls, als gelöste Edelgase oder an sonstige Wasserinhaltsstoffe (z.B. Gase, Ionen) gebunden auftreten. Darüber hinaus bestehen beträchtliche Unterschiede hinsichtlich der Nachweisgrenze für die einzelnen Isotope und, damit verbunden, bezüglich des für die Messung der Isotopengehalte benötigten Volumens der Wasserprobe sowie des erreichbaren Probendurchsatzes im Hinblick auf geostatistische Aussagen. Nicht zuletzt sind auch

*) Plenarvortrag, gehalten anläßlich der 3. Arbeitstagung „Isotope in der Natur", 15. bis 18. November 1983, Leipzig

[1]) Anschrift: Ingolstädter Landstraße 1, D-8042 Neuherberg, Post Oberschleißheim

Tab. 1. Umweltisotope, welche als hydrologische Tracer verwendet werden oder möglicherweise Verwendung finden können (aus [5])

(1) Isotop	(2) Halbwertszeit a	(3) Chem. Verbindung im natürl. Wasser	(4) Produktion	(5) Isotopenhäufigkeit in rezentem („jungem") Grundwasser	(6) Max. Zerfallsrate Wasser dpm/m^3 Wasser	(7) Nachweisgrenze[a]) %, bezogen auf (5)	(8) mit Probengröße
^2H	stabil	$^2H^1HO$	N	$(90-170) \cdot 10^6$ $^2H/^1H$	–	0,2	$50\ \mu l\ H_2O$
^3H	12,43	$^3H^1HO$	N, A	$\approx 10^{-17}$ $^3H/H$	10^6 b)	2	$1{,}5\ l\ H_2O$
^{14}C	5730	$^{14}CO_2$, $H^{14}CO_3^-$	N, A	$1{,}2 \cdot 10^{-12}$ $^{14}C/^{12}C$	$\approx 10^3$ b)	0,5	$4-5$ g C[d]) ($50-200\ l\ H_2O$)
^{18}O	stabil	$H_2{}^{18}O$	N	$(1880-2018) \cdot 10^{-6}$ $^{18}O/^{16}O$	–	0,03	$5\ ml\ H_2O$
^{32}Si	108[c])	$^{32}SiO_2$	N	$\approx 2 \cdot 10^{-15}$ $^{32}Si/Si$	1[b]) $<0{,}2-0{,}6$	1	$50-200$ g SiO_2 ($1-10\ m^3\ H_2O$)
^{39}Ar	269	gelöstes Gas	N	$\approx 10^{-15}$ $^{39}Ar/Ar$	0,04	4	2 l Ar ($\approx 10\ m^3\ H_2O$)
^{81}Kr	$2{,}1 \cdot 10^5$	gelöstes Gas	N	$6 \cdot 10^{-13}$ $^{81}Kr/Kr$	$8 \cdot 10^{-6}$	?	50 ml Kr [e]) ($\approx 10^3\ H_2O$)
^{85}Kr	10,76	gelöstes Gas	A	$6 \cdot 10^{-12}$ $^{85}Kr/Kr$	2,8	3	$10\ \mu l$ Kr ($\approx 200\ l\ H_2O$)
^{36}Cl	$3 \cdot 10^5$	$^{36}Cl^-$	N, A	$2 \cdot 10^{-12}$ $^{36}Cl/Cl$	0,2 b)	0,1	10 mg Cl ($1-50\ l\ H_2O$)

a) 2 σ Kriterium für das gemessenen Isotopenverhältnis in der Wasserprobe
b) beeinflußt durch Kernwaffentests
c) veröffentlichte Werte zwischen 101 a und 701 a
d) bei Bechleunigermessungen ≈10 mg C
e) mit Resonanz-Ionisationsspektroskopie 10 ml Kr ($\approx 1\ l\ H_2O$)
N = natürliche Produktion
A = anthropogene Produktion
a = Jahre
dpm = Zerfälle pro Minute

die Schwierigkeiten bei der hydrogeologischen Interpretation der einzelnen Isotopenanalysen sehr unterschiedlich.

2.1. *Präparations- und Meßanordnungen für Umweltisotope*

Am GSF-Institut für Radiohydrometrie stehen Meßanlagen zur Bestimmung des ^2H-, ^3H-, ^{13}C-, ^{14}C- und ^{85}Kr-Gehalts in Wasserproben im Routinebetrieb zur Verfügung. Meßanordnungen für Analysen des ^3He- und ^{39}Ar-Gehalts von Wasserproben sind in Vorbereitung.

Hohe Probendurchsätze von etwa 10000 Proben/Jahr werden vor allem bei den stabilen Isotopen ^2H und ^{18}O durch selbstgebaute automatisierte Meßplätze erreicht [6]. So werden in der inzwischen fertiggestellten ^2H-Analysenanlage 30 Wasserstoffproben vollautomatisch in ca. $1^1/_2$ Stunden massenspektrometrisch gemessen, die Meßwerte mit Standards hinsichtlich Memoryeffekte, Änderungen bei der Reduktion von H_2O zu H_2, Erzeugung von H_3^+-Ionen u. a. korrigiert und auf den Standard V-SMOW bezogen ausgedrückt. Der Probendurchsatz wird derzeit noch durch die Präparation von H_2 aus der Wasserprobe (s. [2]) begrenzt; zur Beschleunigung dieser Präparation laufen derzeit Vorversuche. Für die Gewinnung von H_2 aus hochkonzentrierten Salzlösungen wird eine Zusatzeinrichtung verwendet, die eine zweistufige Destillation bei Temperaturen bis zu 1200 °C ermöglicht und so eine vollständige Entwässerung der unterschiedlichen Salzlösungen gewährleistet. Damit können zur Zeit Messungen der ^2H-Gehalte von Solen auf ± 3 δ^2H-‰ durchgeführt werden.

Für die Bestimmung des *^3H-Gehalts* in Wasserproben gibt Tab. 2 Richtwerte für die experimentellen Nachweisgrenzen bei verschiedenen Meßverfahren (s. [2, 7]). Hierbei gelangt auch der ursprünglich für Messungen des ^{14}C-Gehalts entwickelte Großvolumen-Flüssigkeitsszintillationszähler (s. [2]) mit Erfolg zum Einsatz. Mit Messungen in Gasproportionalzählrohren unter Verwendung von Propan als Zählgas können Nachweisgrenzen unter 0,1 TU, d. h. 0,2 Bq $^3H/l$ H_2O erreicht werden, wobei noch nicht ganz geklärt ist, welchen Einfluß Kontaminationen der Probe während der Verarbeitung auf diese Nachweisgrenze haben. Solche Messungen sind allerdings relativ zeitaufwendig. Insgesamt werden derzeit pro Jahr etwa 1000 Proben elektrolytisch angereichert und an ca. 100 Proben Propansynthesen durchgeführt.

Die Messung des *^{14}C-Gehalts* erfolgt auf den in Abb. 1 skizzierten Wegen [7]. Neben der Benzolsynthese gewinnt die relativ einfache Probenpräparation durch Absorption des CO_2 in einer Mischung von Absorberlösung (z.B. Lumasorb I®) und Szintillatorlösung (z.B. Carboluma®) und anschließende Messung im Großvolumen-Szintillationszähler an praktischer Bedeutung [8]. Tab. 3 enthält hierzu charakteristische Daten im Vergleich der einzelnen Meßverfahren.

Die Bestimmung des *^{85}Kr-Gehaltes* in Wasserproben wurde in das Meßprogramm des Instituts aufgenommen [7, 9], da der ^{85}Kr-Gehalt in sehr vielen Fällen bei der hydrologischen Interpretation von ^3H-Gehalten dienlich ist (s. Absch. 2.2.1.). Der aus Abb. 2 ersichtliche, relativ

Tab. 2. Richtwerte für ^{3}H-Messungen mit Flüssigkeitsszintillationszählern und einem Gaszählrohr (Johnston Lab. Inc.) (aus [7])

	Flüssigkeits-szintillationsmessung		Gas-messung
Wasservolumen, ml	10	75	10
Szintillator-Volumen/Zählgasdruck	13 ml z. B. Insta-Gel®	85 ml	2 bar Propan
Probenbehälter	24 ml--Polyäthylen-flasche⁴)	170 ml-Quarz-küvette³)	2,6 l-Zählrohr
Nullproben-Zählrate¹) (Imp./min) im ^{3}H-Kanal	2,4	10,4	0,5
Eichfaktor F (TU/(Imp./min))	57	9,2	23
Zählwirkungsgrad, %	24,5	20	76
Experimentelle Nachweisgrenze²) (TU)	12/0,8⁵)	4	2/0,06⁶)
(Bq/l)	1,4	0,5	0,2
(pCi/l)	39	13	6

¹) in einem Raum mit 75 cm dicken Wänden aus Schwerbeton (Ilmenit), zusätzliche Abschirmung für das Zählrohr: 20 cm Stahl; ²) $P = 97{,}5\,\%$, $t = 1000$ min; ³) Anschluß der Meßkammer an BF 2240 (Fa. Berthold); ⁴) in Mark II (Fa. Searle); ⁵) nach 20facher elektrolytischer Anreicherung; ⁶) nach 50facher elektrolytischer Anreicherung

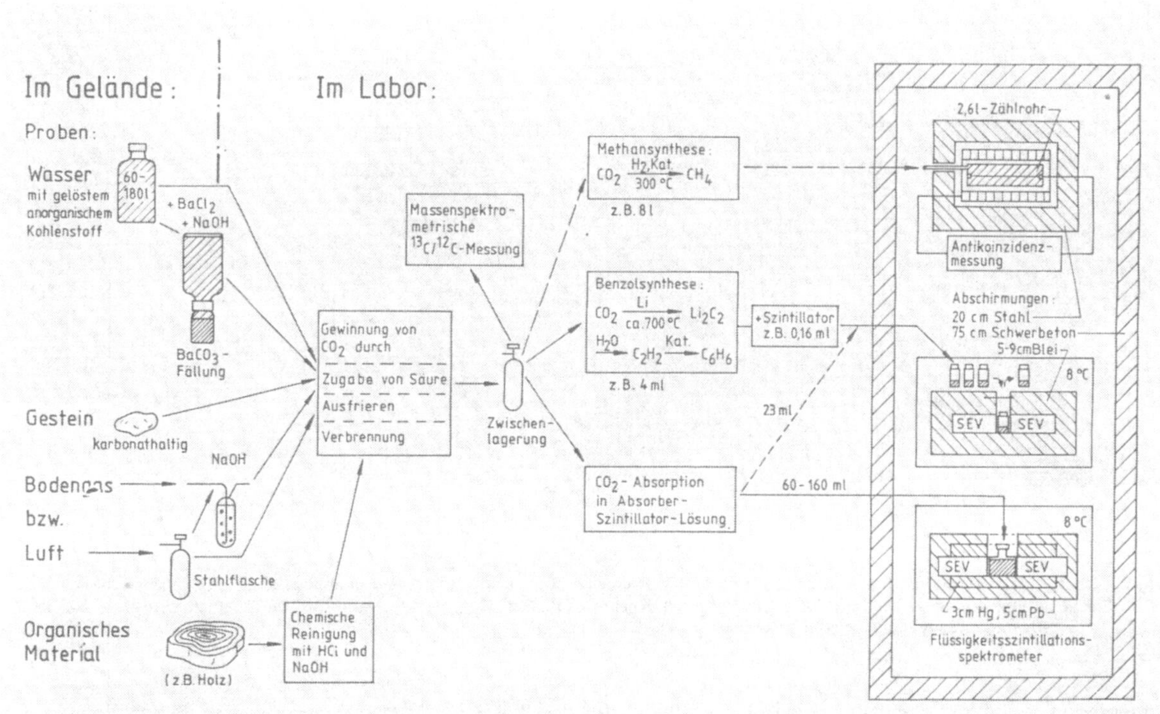

Abb. 1. Schema der im GSF-Institut für Radiohydrometrie verwendeten Low-Level-Analysenverfahren für ^{14}C in Wasser, Gestein, Bodengas und organischem Material (einschließlich der Probennahme) (aus [7])

SEV = Photomultiplier; – – –: nicht mehr im Routinebetrieb.

hohe Aufwand für die Probennahme und -präparation ist durch den geringen Kr-Gehalt des Grundwassers und den geringen Anteil (ca. $4 \cdot 10^{-4}$ Vol.-%) des Kryptons an den im Wasser gelösten Gasen bedingt. Da für die ^{85}Kr-Messung einige 100 l entgast werden müssen, findet die Gasextraktion zweckmäßig im Gelände statt. Dabei wird das gepumpte Probenwasser kontinuierlich in einem evakuierten Behälter über ein Düsensystem mit einem Druck von ca. 4 bar versprüht und die austretenden Gase in eine 4 l-Stahlflasche gepreßt. Das entgaste Wasser wird dabei laufend mit einer Kreiselpumpe entfernt. Der Durchsatz beträgt etwa 1 m³ Wasser/h. Zur Separation des Kryptons aus dem Probengas werden zunächst N_2, O_2 und CO_2 in einem mit Lithium gefüllten Rohrofen (400–600 °C, Durchsatz 20 l/h) chemisch weitgehend abgetrennt. Zur Reindarstellung des Kryptons wird dann die Rohedelgasprobe gaschromatographisch über zwei mit Molekularsieb gefüllte Säulen aufgetrennt, wobei in der ersten Säule der Ar-Anteil und Rest-N_2-Anteil abgetrennt und in der zweiten Säule die Kr-Fraktion dargestellt wird. Der als

Tab. 3. Richtwerte für ^{14}C-Messungen mit Flüssigkeitsszintillationszählern und einem Gaszählrohr¹) (aus [7])

		Flüssigkeitsszintillationsmessung					Gasmessung⁵)
		Benzolsynthese Nylonflaschen (25,5 ml)		CO_2-Absorption PE-Flaschen (24 ml)	Quarz-Küvetten (170 ml)		Methansynthese 2,6 l-Zählrohr
Kohlenstoffmenge, g		3,2	19,5⁵)	0,8	2,0	5,3	3,9 (3 bar)
Benzol	(ml)	4,0	24,0				
Absorberlösung	(ml)			11,5	30	80	
Szintillator	(ml)	0,16	1,00	11,5	30	80	
Zählrate im ^{14}C-Kanal:							
Nullprobe²) (Imp./min)		2,6	5,2	10,1	9,8	22,4	3,0
Standard³) (Imp./min)		31,6	190	16,8	27,8	50,5	36
Zählwirkungsgrad (%)		73	72	49,5	66,4	70	68
Nachweisgrenze⁴)							
(% modern)		0,6	0,12	9	2,8	1,3	0,4
(mBq/g C)		1,4	0,27	20	6,3	2,9	0,9
(pCi/kg C)		37	7,3	550	171	79	24

¹) Die Benzolproben wurden in Flüssigkeitsszintillationszählern des Typs Mark II (Searle Co.), die CO_2-Absorptionsproben in einer selbstgebauten Meßkammer mit einer Elektronik vom Typ BF 2240 (Berthold, Wildbad) und die Methanproben in einem Proportionalzählrohr (Johnston Lab. Inc.) gemessen; ²) in einem Raum mit 75 cm dicken Wänden aus Schwerbeton; zusätzliche Abschirmung für das Zählrohr: 20 cm Stahl; ³) Netto-Zählrate für 100 % modern; ⁴) $p = 97{,}5\,\%$, $t = 1000$ min; ⁵) außer Betrieb

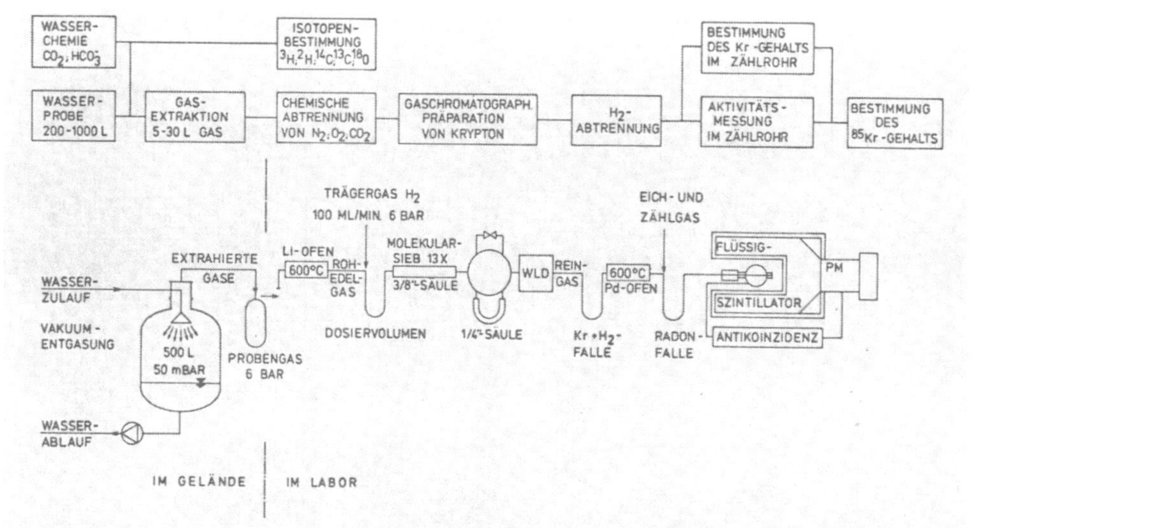

Abb. 2. Schema des im GSF-Institut für Radiohydrometrie verwendeten Low-Level-Analysenverfahrens für ^{85}Kr in Wasser, bestehend aus der Probennahme (Gasextraktion), der Präparation von Krypton und der Messung (das Zählrohr und der Antiko-Detektor sind durch 20 cm Blei und 75 cm Schwerbeton abgeschirmt) (aus [7])

WLD = Wärmeleitfähigkeitsdetektor; PM = Photomultiplier.

Trägergas verwendete Wasserstoff wird über ein geheiztes Pd-Rohr (600 °C) abgepumpt und das reine Krypton (ca. 10 µl) mit einem Zählgasgemisch (Ar + CH_4) in ein selbstgebautes Miniproportionalzählrohr (2,3 ml) überführt. Diese Prozedur dauert 1–2 Tage, die Meßzeit weitere 1000 bis 10000 min. Die experimentelle Nachweisgrenze liegt bei etwa 3% der derzeitigen atmosphärischen ^{85}Kr-Konzentration. Bisher wurden etwa 25 Grund- und Oberflächenwasserproben (zusammen mit ebenso vielen Standard- und Nullproben) gemessen.

2.2. *Zur Interpretation von Umweltisotopengehalten*

Im folgenden wird über Teilergebnisse aus zwei Dissertationen [9, 10] berichtet, die Probleme der Grundwasserdatierung mit Hilfe des ^3H- und ^{14}C-Gehalts behandeln.

2.2.1. Der ^{85}Kr-Gehalt als Hilfsmittel bei der Bestimmung der mittleren Verweilzeit von Grundwasser. ^3H und ^{85}Kr haben vergleichbare Halbwertszeiten (s. Tab. 1), jedoch grundsätzlich verschiedene Inputfunktionen aufgrund ihrer unterschiedlichen Herkunft. Abb. 3 zeigt hierzu den aus mehr als 600 ^{85}Kr-Literaturdaten errechneten Verlauf des atmosphärischen ^{85}Kr-Gehalts. Diese Inputfunktion ist im Gegensatz zum ^3H-Gehalt in den Niederschlägen (Abb. 4) keinen signifikanten jahreszeitlichen Schwankungen unterworfen und ohne nachweisbaren Kontinentaleffekt.

Bei der Bestimmung von mittleren Verweilzeiten eines Grundwassers mit Hilfe von hydraulischen Modellen, z.B. mit dem Exponentialmodell (s. z.B. [11], geht die Unsicherheit in der Bestimmung der Inputfunktion wesentlich in das Ergebnis ein.

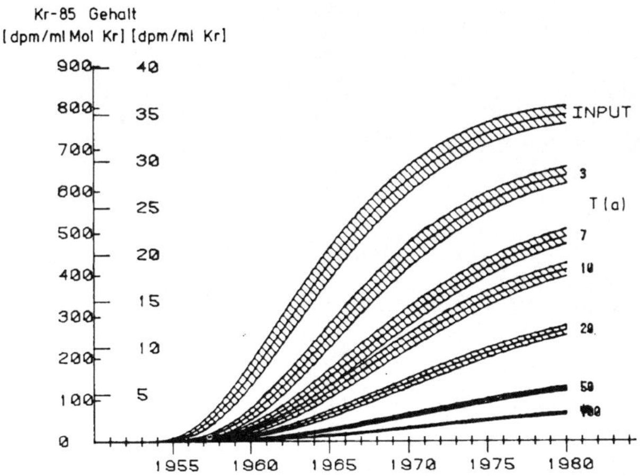

Abb. 3. ^{85}Kr-Inputfunktion mit zugehöriger Schwankungsbreite und ^{85}Kr-Gehalte für verschiedene Probennahmezeiten, berechnet nach dem Exponentialmodell mit der mittleren Verweilzeit T (a) als Parameter unter Berücksichtigung der Schwankungsbreite der ^{85}Kr-Inputfunktion (dpm – Zerfälle pro min) (aus [7]).

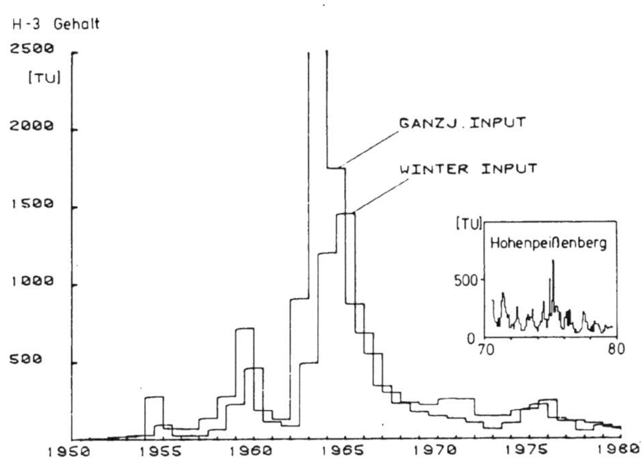

Abb. 4. Tritiumgehalte in den Niederschlägen für Ganzjahres- und Winterinput (Tritiumgehalte in Wien bzw. auf Wien korrigiert für 1952 – 1969, in Hohenpeißenberg für 1970 – 1977, in München für 1978 – 1979); mit eingezeichnet sind die monatlichen Variationen der Tritiumgehalte in den Niederschlägen von 1970 – 1979 (1970 – 1979 Hohenpeißenberg) (aus [7]).

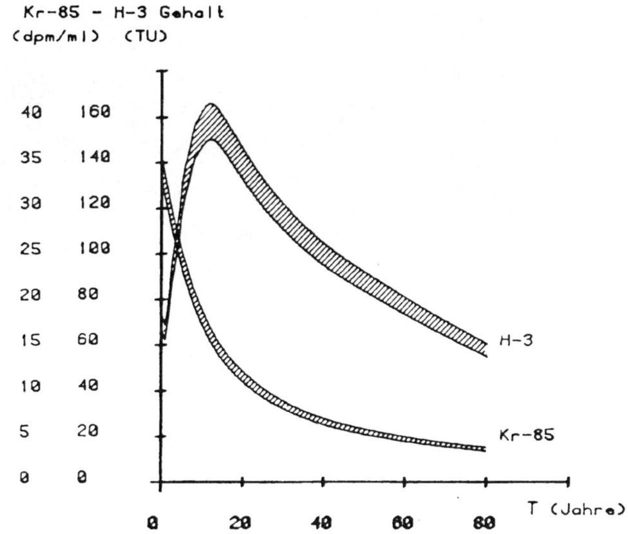

Abb. 5. Schwankungsbreite der ^{3}H- und ^{85}Kr-Gehalte im Grundwasser in Abhängigkeit von der mittleren Verweilzeit T (berechnet nach dem Exponentialmodell).
Die Kurven gelten für eine Probennahme im Jahr 1979 (aus [7]).

Abb. 5 zeigt die unter Annahme der in Abb. 3 dargestellten ^{85}Kr-Inputfunktion und einer nur 5%igen Schwankungsbreite des ^{3}H-Inputs (Abb. 4) errechneten Schwankungsbreiten der ^{3}H- und ^{85}Kr-Gehalte im Grundwasser in Abhängigkeit von der nach dem Exponentialmodell berechneten mittleren Verweilzeit. Neben der offensichtlich geringeren Genauigkeit der aus dem ^{3}H-Gehalt berechneten Verweilzeiten ergeben sich zudem teilweise zweideutige und im Bereich des Maximums recht unsichere Werte.

Einer verbreiteten Verwendung des ^{85}Kr-Gehalts stehen allerdings der in Abschn. 2.1. beschriebene hohe Meßaufwand und die relativ hohe Nachweisgrenze entgegen.

2.2.2. Zur Problematik des ^{14}C-Anfangsgehalts neugebildeter Grundwässer. In den letzten Jahren wurde von verschiedenen Autoren versucht (s. z.B. [10, 12 – 14]), die mögliche Veränderung des ^{14}C-Anfangsgehalts modellmäßig zu erfassen. Abb. 6 zeigt hierzu die Vielfalt der die Kohlenstoffisotopenzusammensetzung beeinflussenden Effekte. Da keines der bisher aufgestellten Modelle alle diese Effekte berücksichtigen kann, ist es notwendig, Kriterien für die Anwendbarkeit der Modelle in bestimmten Grundwasserleitern anzugeben. Für 29 junge Grundwässer aus dem Untersuchungsgebiet „Fränkische Alb und ihr Albvorland" in Nordostbayern wurden daher die aus den Kernwaffentests stammenden ^{14}C-Anteile durch Korrelation mit ^{3}H- und ^{85}Kr-Gehalten auf der Grundlage des hydraulischen Exponentialmodells berechnet und der ^{14}C-Anfangsgehalt A_0 aus der Differenz zum gemessenen ^{14}C-Gehalt bestimmt. Ein kritischer Vergleich mit den aus verschiedenen, die chemischen Fällungs- und Lösungsvorgänge sowie Isotopenaustausch berücksichtigenden Model-

Tab. 4. Untersuchungsgebiet Fränkische Alb und ihr Albvorland: Vergleich der Mittelwerte der ^{14}C-Anfangsgehalte A_0, berechnet nach verschiedenen Modellen (mit Standardabweichung des Mittelwerts, 95% Vertrauensbereich) (aus [10])

	Proben-anzahl	^{14}C-Anfangsgehalt A_0, % modern					
		hydrolog. Exponent.-modell	Chemie-Mischungs-modell	Isotopen-austausch-modell	Isotopen-mischungs-modell	Fontes-Garnier-modell	Mook-modell
a) Quellen	11	63 ± 3	57 ± 1	60 ± 2	62 ± 2	68 ± 4	80 ± 10
b) Brunnen	18	77 ± 4	74 ± 2				
und a) und b) zusammen	29	72 ± 4	67 ± 4				

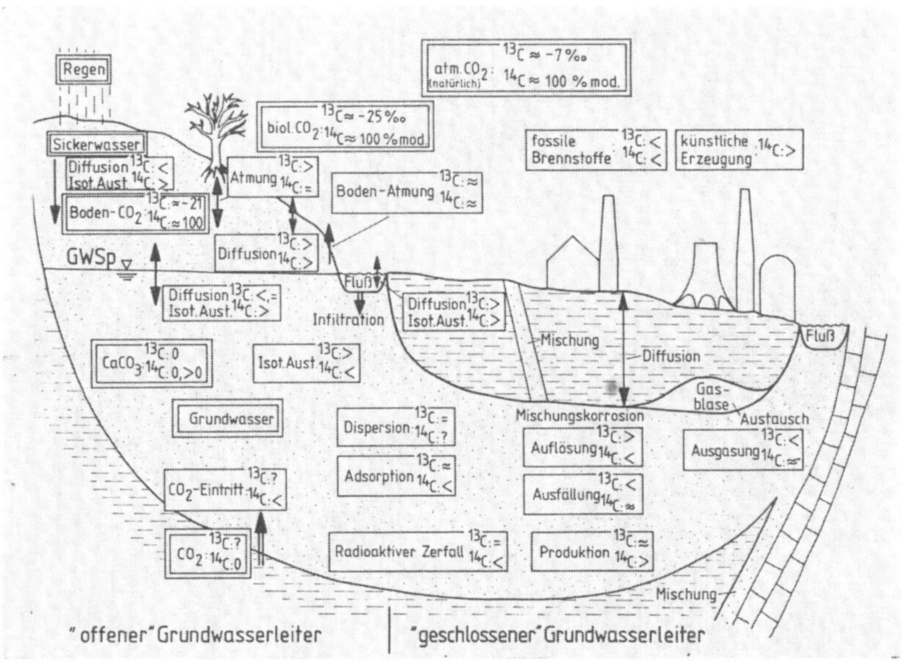

Abb. 6. Schematische Darstellung des Kohlenstoffkreislaufs und der Veränderungen des ^{14}C- und ^{13}C-Gehaltes in der Hydrosphäre (aus [10])

Die doppelt eingerahmten Kästchen bezeichnen Systeme, in denen Meßwerte gewonnen werden können. Die Zeichen > bzw. < geben eine mögliche Zunahme bzw. Abnahme der entsprechenden Kohlenstoffisotopengehalte an. Bei = oder ≈ ist keine oder nur eine geringe Veränderung der Isotopenwerte zu erwarten.

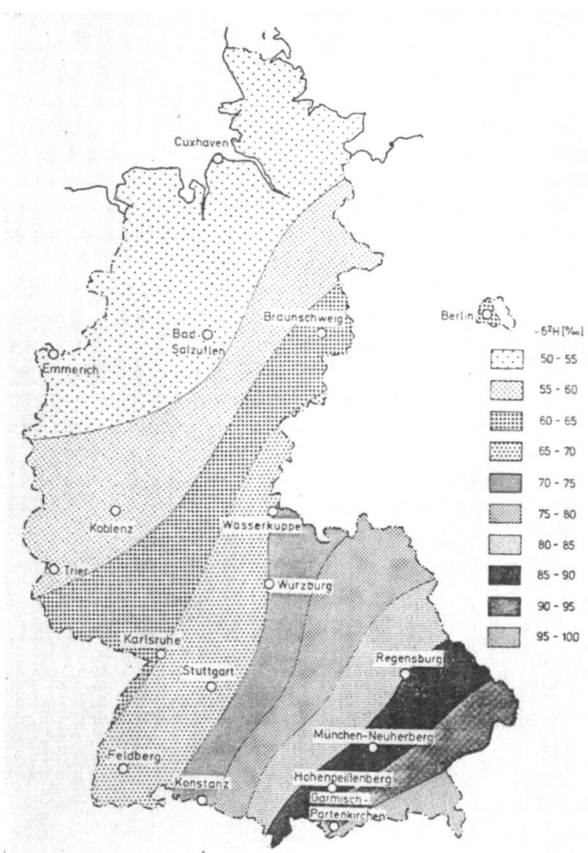

Abb. 7. Verteilung der gewogenen Jahresmittel der ^{2}H-Gehalte im Niederschlag über das Gebiet der Bundesrepublik Deutschland im Jahr 1981 [16]

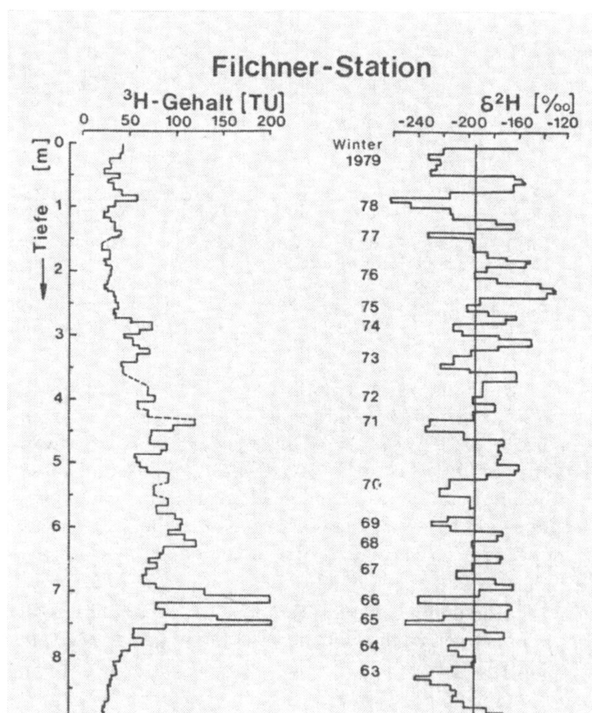

Abb. 8. ^{3}H- und ^{2}H-Gehalte von Bohrproben bis zu 10,8 m Tiefe, gewonnen an der Filchner-Station (Antarktis, Filchner-Ronne-Schelfeis) im Jahre 1980. Der mittlere $\delta^{2}H$-Wert ist durch die vertikale Gerade gekennzeichnet. Die Datierung ist jeweils auf den Winter bezogen (aus [17]).

len errechneten ^{14}C-Anfangsgehalten ist in Tab. 4 dargestellt. Daraus folgt, daß im vorliegenden Grundwassersystem die für das *Fontes-Granier*-Modell [12] und das *Mook*-Modell [13] gemachten Voraussetzungen nicht zutreffen, dagegen das Isotopenaustausch- [10] und das Isotopenmischungsmodell [14] einen brauchbaren Ansatz bedeuten.

3. Beispiele hydrologischer Anwendungen

3.1. Niederschläge

Die Isotopengehalte in den Niederschlägen sind als Inputgrößen für alle isotopenhydrologischen Untersuchungen im Grund- und Oberflächenwasser von grundlegendem Interesse. Neben der Untersuchung von einzelnen Niederschlagsereignissen (s. [2]), z.B. im Hinblick auf Niederschlag-Abfluß-Probleme (Abschn. 3.3.), werden seit 5 Jahren in Ergänzung zum IAEA-WMO-Probennahmenetz [15] Messungen der ^{3}H-, ^{2}H- und ^{18}O-Gehalte an Monatsniederschlagsproben von 17 über die Bundesrepublik verteilten Stationen durchgeführt. Abb. 7 gibt als Beispiel die aus diesen Messungen für das Jahr 1981 ermittelte Verteilung der ^{2}H-Gehalte. Über die Grenzen hinweg besteht im Alpenraum auf diesem Gebiet eine enge Zusammenarbeit mit Kollegen aus Österreich und der Schweiz und wir würden uns dies auch mit der DDR wünschen. Nur so kann eine sinnvolle, großräumig mit den hydrometeorologischen Verhältnissen korrelierte Auswertung dieser Datensammlung realisiert werden.

3.2. Akkumulation auf Gletschern und Eisfeldern

Im Rahmen der Standorterkundungsexpedition 1979/80 für die deutsche Antarktisforschungsstation in die südliche Weddelsee und der im Folgejahr stattgefundenen Expedition zur Errichtung dieser Station wurden in der

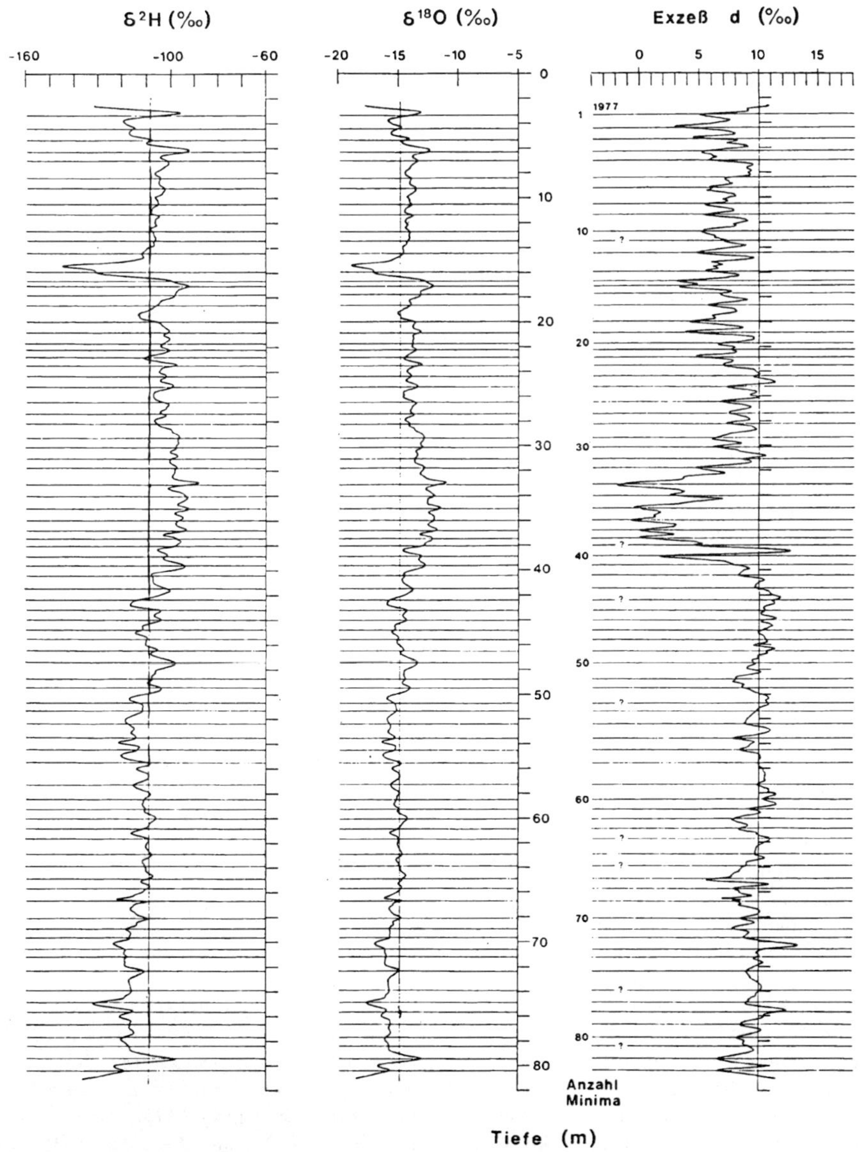

Abb. 9. Gewogene übergreifende Mittelwerte der ^{2}H- und ^{18}O-Gehalte sowie des Deuteriumexzesses $d = 8\,\delta^{18}O - \delta^{2}H$ eines 81 m langen Bohrkerns aus dem Akkumulationsgebiet des Vernagtferners (Ötztaler Alpen)

Die horizontalen Linien entsprechen der angenommenen Lage der Sommerschneeschichten. Fragezeichen bezeichnen unsichere Horizonte. Die vertikale Gerade kennzeichnet die Mittelwerte über den gesamten Bohrkern (aus [18]).

Atka-Bucht (Georg-von-Neumayer-Station) und am Filchner-Ronne-Schelfeis (Filchner-Station) Schneeschächte und Handbohrungen niedergebracht, welche die für den Stationsbau erforderlichen Planungsdaten bezüglich des Schneezutrags erbringen sollten. Neben herkömmlichen stratigraphischen Methoden wurden an den gewonnenen Schneeproben auch Analysen der ^{2}H-, ^{18}O- und ^{3}H-Gehalte durchgeführt, die, wie Abb. 8 beispielhaft zeigt, eindeutig den Jahresschichten der Schneedecke zugeordnet werden konnten. Der als Folge der Kernwaffentestserien auftretende Peak des ^{3}H-Gehalts findet sich hierbei in den Firnschichten der Jahre 1965 und 1966 wieder. Im Vergleich mit den Ergebnissen der herkömmlichen stratigraphischen Messungen konnte gezeigt werden, daß die Isotopenstratigraphie insbesondere dort noch Ergebnisse bringt, wo mangelnde sichtbare Strukturen eine Materialansprache nicht mehr gestatten. Mit der Erstellung der Zeitskala konnte dann auch der mittlere jährliche Schneeauftrag angegeben werden; dieser beträgt an der Filchnerstation für 20 Haushaltsjahre im Mittel 55 cm/a, was bei einer mittleren Dichte von 0,4 g/m^3 einer spezifischen jährlichen Nettoakkumulation von 22 g/cm^2 entspricht. Die Datierung an der Atka-Bucht lieferte für 14 Haushaltsjahre 75 cm/a bzw. eine spezifische jährliche Nettoakkumulation von 34 g/cm^2 [17].

Bei der Durchführung von isotopenstratigraphischen Untersuchungen an Bohrkernen aus dem Vernagtferner, einem temperierten Gletscher der Ötztaler Alpen, ergab sich [18], daß insbesondere der Deuteriumexzeß, d. h. die Größe $d = \delta^2\text{H} - 8\delta^{18}\text{O}$, die Jahresschichten signifikant markiert. Das in Abb. 9 dargestellte Beispiel eines 81 m langen Bohrkerns, der die gesamte Gletschermächtigkeit repräsentiert, zeigt deutlich, daß die jährlichen Variationen der Größe d ausgeprägter sind als die der δ^2H- und δ^{18}O-Werte. Die angegebene Zuordnung zu den einzelnen Jahren wird im übrigen durch stratigraphische Untersuchungen sowie durch Messungen der ^{3}H-Gehalte [19] gestützt und ergibt eine spezifische jährliche Nettoakkumulation von etwa 80 g/cm^2 und ein Alter des Eiskerns von 80 $\pm$ 5 Jahren. Im Vergleich mit der Ganglinie der 5jährigen Mittelwerte der Lufttemperatur zeigte sich, daß Kernbereiche mit angereicherten ^{18}O- und ^{2}H-Gehalten Perioden mit erhöhter Temperatur zugeordnet sind. Dies gilt insbesondere für die Warmzeit der späten vierziger Jahre dieses Jahrhunderts. Der in dieser Zeit stark erniedrigte Deuteriumexzeß dürfte durch die erhöhte Schmelzung und Verdunstung verursacht sein.

3.3. *Niederschlag-Abfluß-Beziehungen*

Die Verwendung von Isotopenmethoden zur quantitativen Bestimmung von Abflußanteilen und die hierzu nötigen Voraussetzungen sind in [2] dargestellt und durch Beispiele mit verschiedener Zeitskala belegt worden. Weitere Untersuchungen, die teilweise auch andernorts durchgeführt wurden [20], haben inzwischen die von Hydrologen zunächst verwundert aufgenommene Regel bestätigt, daß der Anteil des direkt abfließenden Wassers eines Niederschlags- oder Schneeschmelzereignisses im allgemeinen unter 50%, meist sogar unter 30% des Gesamtabflusses eines Einzugsgebiets liegt. Im Hinblick auf den Schadstofftransport wurden auch die mittleren Verweilzeiten der Abflußkomponenten bestimmt, was unter Verwendung hydraulischer Modelle, z.B. aus der Amplitudendämpfung der Input-Funktion des betreffenden Tracers im Abfluß des Einzugsgebiets, erfolgen kann [21].

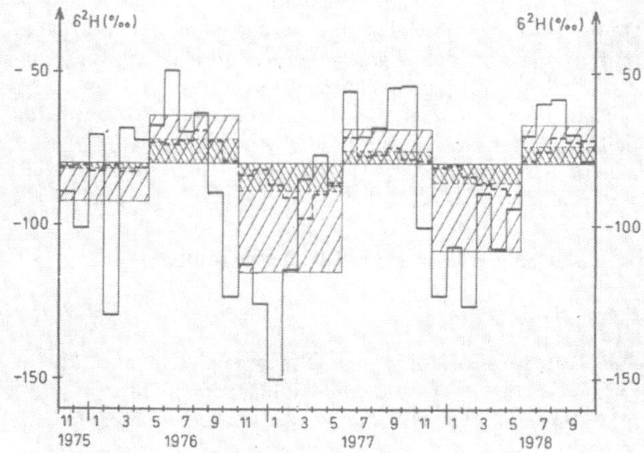

Abb. 10. Gewichtete Monats- und Jahreszeiten-Mittelwerte des ^{2}H-Gehalts im Niederschlag (———) und Abfluß (– – – –) des Einzugsgebiets Lainbachtal (Oberbayern) (aus [21])

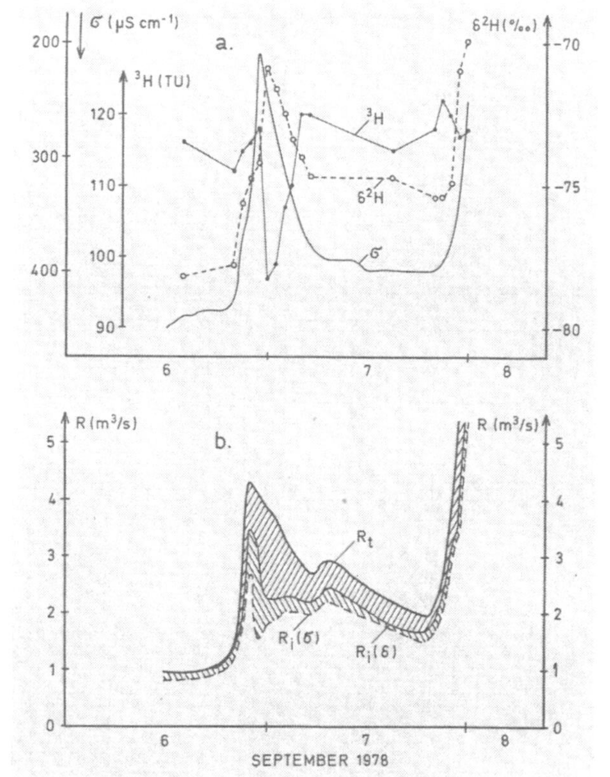

Abb. 11. Niederschlag-Abflußereignis im Einzugsgebiet Lainbachtal (Oberbayern)

a) Ganglinien der ^{3}H- und ^{2}H-Gehalte und der elektrischen Leitfähigkeit (σ); b) Gesamtabfluß (R_t); Direktabfluß (schraffiert), berechnet aus Isotopengehalten (δ) und elektrischer Leitfähigkeit (σ) (aus [21]).

So wurde z.B. zunächst in dem in [2] vorgestellten, randalpinen Einzugsgebiet Lainbachtal, Oberbayern (18,7 km^2), für die Zeit 1975–1978 aus den gewichteten Monatsmitteln der δ^2H-Werte im Niederschlag bzw. Schmelzwasser (Input) und im Abfluß (Output) (Abb. 10) ein Direkt-Abflußanteil am Gesamtfluß von 14–28% in der kühlen Jahreszeit und von 35–47% im Sommer errechnet. Für die Bestimmung der Verweilzeit des indirekten, unterirdischen Abflusses wurde u. a. ein Zweibox-Dispersionsmodell verwendet, dessen beide Reservoire der ungesättigten und gesättigten Zone des Grundwasserleiters zugeordnet sind. Hierbei ergaben sich mittlere Verweilzeiten von 0,8 a bzw. 7,5 a, denen Speichervolumina von etwa 10^7 bzw. $3 \cdot 10^7$ m³ entsprechen [21].

Zum hydraulischen Verständnis dieser Abflußbilanzen dienen am besten Einzelniederschlag-Abflußereignisse. Der in Abb. 11 unten dargestellte Hydrograph wurde durch einen Regen von 45 mm innerhalb 1,5 Tagen ausgelöst. Aus den in Abb. 11 oben eingezeichneten Ganglinien der ^{2}H- und ^{3}H-Gehalte sowie der elektrischen Leitfähigkeit ergaben sich unter Verwendung der Niederschlagswerte und einfacher Mischungsrechnungen höhere Direkt-Abflußanteile aus den Leitfähigkeitswerten als aus den ^{2}H- und ^{3}H-Gehalten [21]. Hier ergibt sich augenscheinlich die Möglichkeit einer weiteren Differenzierung verschiedener Abflußanteile nach ihrer von der Verweilzeit im Boden abhängigen Mineralisation.

3.4. *Uferfiltration*

In vielen dicht besiedelten Gegenden können die Grundwasservorräte den Bedarf an Trinkwasser nicht mehr decken, so daß Trinkwassergewinnungsanlagen auf uferfiltriertes Oberflächenwasser angewiesen sind. Dabei stellt sich, ähnlich wie bei den Niederschlag-Abflußbeziehungen, die Frage, wie groß der Anteil des Uferfiltrats im geförderten Wasser ist und wie lange das Uferfiltrat im Grundwasserleiter verweilt. Wie weit Isotopenmethoden hierzu

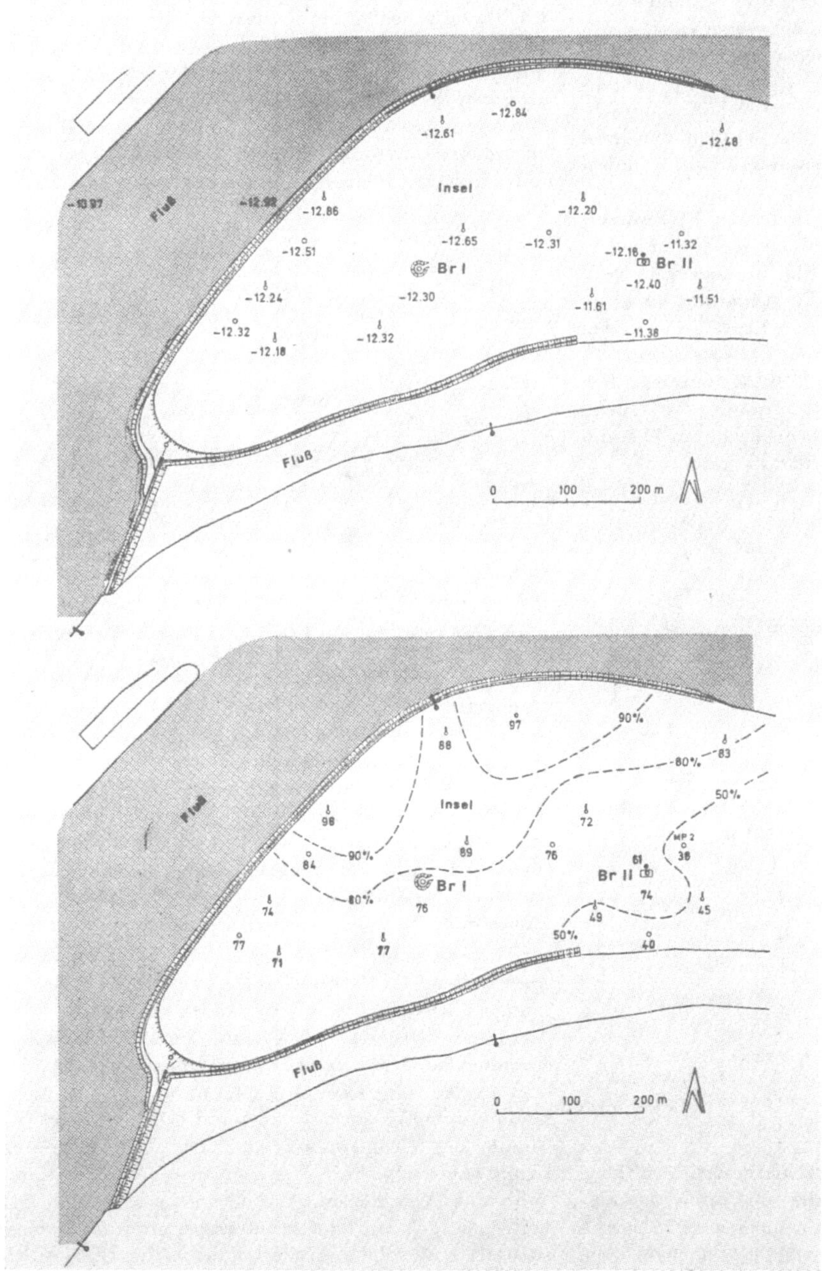

Abb. 12. oben: Lageplan der Brunnen Br. I und Br. II und der Pegel auf einer Flußinsel; die angegebenen δ^2H-Werte sind Mittelwerte des ^{2}H-Gehalts des Grundwassers aus etwa wöchentlichen Probennahmen in den Jahren 1980 und 1982.
unten: Mittlere Anteile an uferfiltriertem Flußwasser (in %) im Grundwasser der eingetragenen Probennahmestellen in den Jahren 1980 und 1982 (aus [22])

Antwort geben können, soll das folgende Beispiel erläutern.

Abb. 12 oben zeigt den Lageplan von zwei Brunnen einer städtischen Wasserversorgungsanlage auf einer Flußinsel von etwa 0,3 km² Fläche, deren Grundwasser zudem durch zahlreiche Pegelbohrungen zugänglich ist. Im Laufe einer mehrjährigen Beobachtungszeit wurden diese Brunnen und Pegel, das Flußwasser an verschiedenen Stellen des Gerinnequerschnitts sowie das Grundwasser im südlich der Insel gelegenen Gebiet etwa wöchentlich beprobt und jeweils der ^{18}O-Gehalt, die Temperatur und die Leitfähigkeit gemessen [22]. Die in Abb. 12 oben eingetragenen Werte sind die aus den Beprobungen in den Jahren 1980 und 1982 errechneten Mittelwerte der gemessenen ^{18}O-Gehalte.

Zur Berechnung des Anteils an uferfiltriertem Flußwasser im Grundwasser der Insel wurde angenommen, daß dort ein Zweikomponenten-Mischwasser aus Flußwasser einerseits und dem von Süden zutretenden Grundwasser andererseits vorliegt. Als ^{18}O-Gehalte dieser Komponenten wurden die Mittelwerte der ^{18}O-Gehalte am rechten (südlichen) Flußufer und die eines südlich der Insel gelegenen Grundwasserbrunnens verwendet. Abb. 12 unten zeigt die mit einer einfachen Mischungsrechnung ermittelten prozentualen Anteile von uferfiltriertem Flußwasser, wobei der absolute Fehler zu $\pm 5\%$ abgeschätzt wird. Die Abnahme des uferfiltrierten Flußwassers vom NW zum SE der Insel hin bestätigt die Annahme eines im wesentlichen nur aus zwei Komponenten bestehenden Mischwassers und des Zutritts von Grundwasser von SE. Man erkennt auch, daß der Brunnen Br. II hauptsächlich uferfiltriertes Donauwasser fördert, obwohl er in einem Grundwasserleiter steht, der im unbeanspruchten Zustand nur einen geringen Anteil von Uferfiltrat enthält.

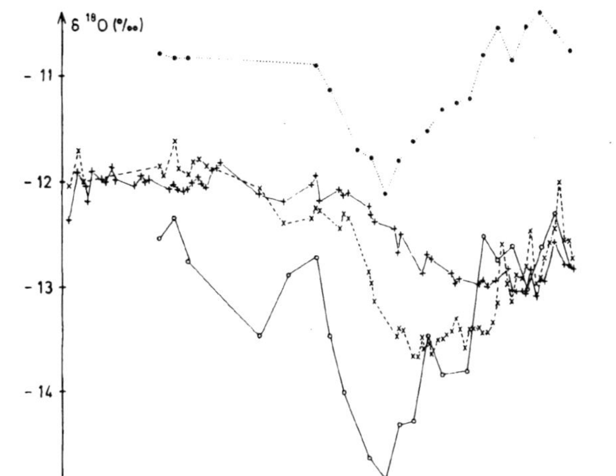

Abb. 13. Ganglien des ^{18}O-Gehalts des Flußwassers am linken (● ------ ●) und rechten (○———○) Ufer oberhalb der Flußinsel und im Grundwasser der Brunnen Br. I (× --- ×) und Br. II (+ --- +) das Jahr 1982 (aus [22])

Der in Abb. 13 für das Jahr 1982 dargestellte zeitliche Gang der ^{18}O-Gehalte zeigt, daß die im Flußwasser auftretenden Schwankungen in den Brunnen zeitlich verzögert und in ihren Amplituden gedämpft nachgewiesen werden. Aus dem zeitlichen Abstand der Extremwerte konnte gefolgert werden, daß z.B. die Fließzeit des uferfiltrierten Flußwassers zum Brunnen Br. I 2–3 Wochen, zum Brunnen Br. II dagegen etwa 10 Wochen beträgt. Durch Vergleich mit Markierungsversuchen unter Verwendung von Fluoreszenzfarbstoffen, aus denen die Fließzeiten im Grundwasserleiter der Insel ermittelt wurden, ergab sich, daß der größte Teil der Fließzeiten des uferfiltrierten Flußwassers in den ufernahen Zonen des Grundwasserleiters vergeht. Diese Erkenntnis führte zu der praktischen Schlußfolgerung, daß die ufernahen Zonen möglichst unangetastet bleiben sollten.

3.5. *Studien zur Herkunft und Verweilzeit von tiefliegenden Grundwässern*

In den letzten Jahren wurden an drei verschiedenen Grundwasserleitern (Abb. 14) intensive isotopenhydrologische Studien mit verschiedener Zielsetzung durchgeführt. So sollte im Gebiet „t“, im jungtertiären Grundwasserleiter des Bayerischen Molassebeckens, die Grundwasserströmung erforscht und so zur Bilanzierung des Grundwasservorrats beigetragen werden. Im Gebiet „k“ mit einem Grundwasserleiter im Keuper-Sandsetin des Fränkischen Albvorlands wurden systematische Untersuchungen zur Gültigkeit von Modellen für die ^{14}C-Grundwasserdatierung und damit zur Klärung der Herkunft dieser Grundwässer

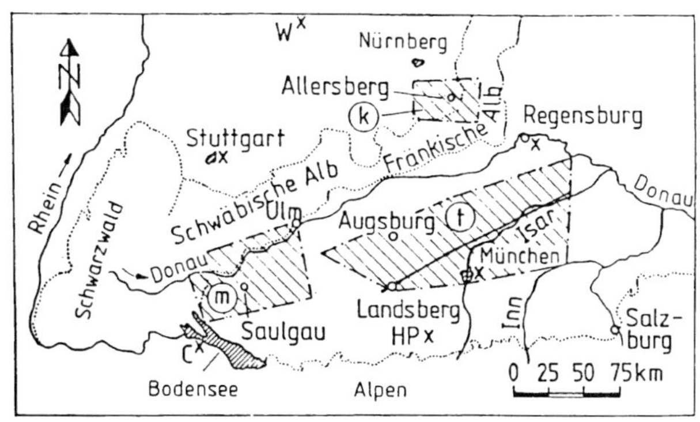

Abb. 14. Lageplan der drei Untersuchungsgebiete „t“, „k“ und „m“.
×: Niederschlag-Sammelstation (HP = Hohenpeißenberg, C = Konstanz, W = Würzburg) (aus [23])

durchgeführt [10]. Im Gebiet „m“ wird dagegen ein Karstwasserleiter des Oberen Malm im NW-Teil des Molassebeckens in Oberschwaben im Hinblick auf eine mögliche geothermische Nutzung untersucht.

Im Vergleich dieser drei Gebiete konnten aus Messungen der Gehalte an ^{2}H, ^{3}H, ^{13}C, ^{14}C und ^{18}O sowie aus hydrochemischen Untersuchungen allgemeine und spezifische Aussagen über die Grundwassersysteme gemacht werden [23]. Einige Ergebnisse seien hier beispielhaft angeführt:

^{3}H-Gehalte $>1{,}5$ TU kennzeichnen im porösen Grundwasserleiter des Gebiets „t“ jene Tiefenzonen, in die „junges“ aus Niederschlägen während und nach der Zeit der Kernwaffentests (d. h. aus den Jahren nach 1952) stammendes Grundwasser eingedrungen ist (Abb. 15). Sie liegt in den untersuchten Profilen 20 bis 60 m unter Gelände und hängt weitgehend von der Durchlässigkeit, dem Gefälle des Grundwassers und der Beanspruchung des Grundwasserleiters ab. Die Kenntnis dieser „Tritiumlinie“ kann zur Abschätzung der Grundwasserneubildungsrate beitragen [24]. Im Kluftgrundwasserleiter des Gebiets „k“ existiert eine solche ^{3}H-Verteilung nicht. Starke Schwankungen im ^{3}H- wie in anderen Isotopengehalten spiegeln dort die hydraulische Inhomogenität wider. Im Karstwasserleiter des Gebiets „m“ ist sogar fast überall ein meßbarer ^{3}H-Gehalt festzustellen, der Mischwasser aus

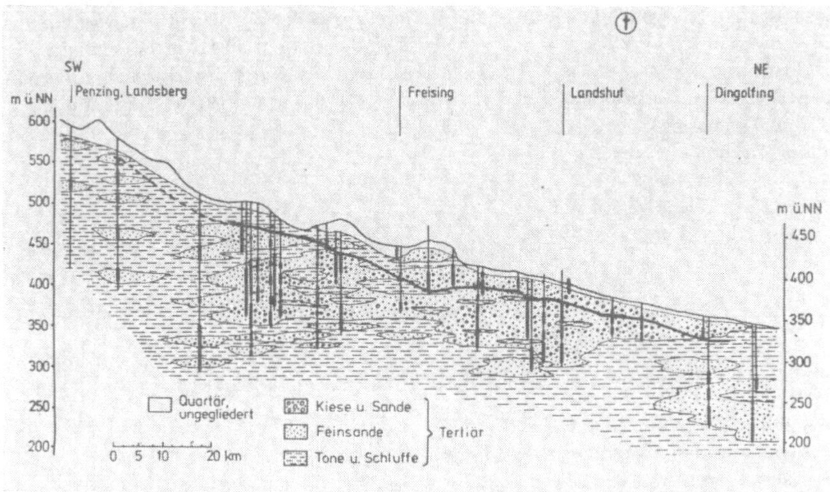

Abb. 15. Charakteristischer, schematischer geologischer Querschnitt des Untersuchungsgebiets „*t*" (s. Abb. 14) (aus [23]) Die eingezeichnete durchgezogene Linie verbindet Tiefenlagen mit ^{3}H-Gehalten ≈ 1,5 TU.

Grundwässern sehr verschiedener Verweilzeiten bis zu großen Tiefen hin anzeigt.

Bei der Bestimmung der *^{14}C-Grundwasseralter* sind die für die einzelnen Gebiete verschiedenen geochemischen Gegebenheiten einzubeziehen. So ist z.B. im Gebiet „t" ein Austausch zwischen Erdalkali- und Alkali-Ionen bei der Berechnung des ^{14}C-Anfangsgehalts zu berücksichtigen, während im Gebiet „m" lediglich der Kohlenstoffaustausch zwischen Gestein und Grundwasser eine Rolle spielt. Insgesamt ergeben sich so ^{14}C-Modellalter bis zu 35000 Jahren vor heute.

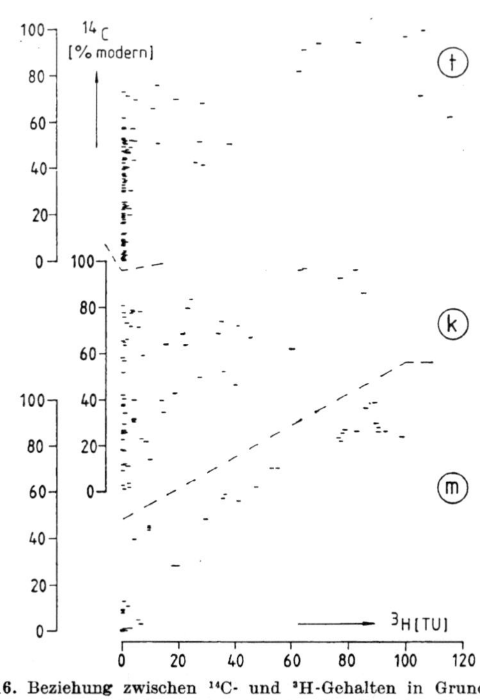

Abb. 16. Beziehung zwischen ^{14}C- und ^{3}H-Gehalten in Grundwasserproben der Untersuchungsgebiete „*t*", „*k*" und „*m*" (s. Abb. 14) (aus [23])

Abb. 16 zeigt, daß auch in der Relation der *^{3}H- und ^{14}C-Gehalte* Unterschiede für die einzelnen Untersuchungsgebiete bestehen. So sind im porösen Grundwasserleiter (Gebiet „t") ^{14}C-Gehalte $<40\%$-modern weitgehend mit geringen oder nicht nachweisbaren ^{3}H-Gehalten verknüpft,

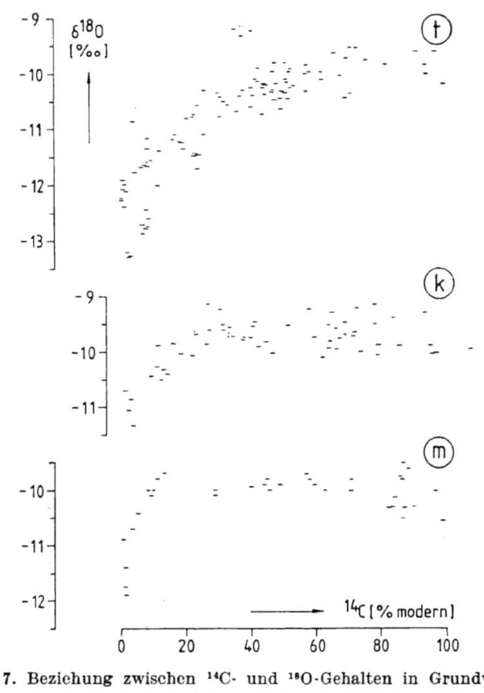

Abb. 17. Beziehung zwischen ^{14}C- und ^{18}O-Gehalten in Grundwasserproben der Untersuchungsgebiete „*t*", „*k*" und „*m*" (s. Abb. 14) (aus [23])

was auf unvermischte Grundwässer hindeutet. In den beiden anderen Grundwasserleitern werden dagegen auch bei niedrigen ^{14}C-Gehalten in vielen Fällen meßbare ^{3}H-Gehalte beobachtet, ein deutliches Zeichen für Mischwässer verschiedener Verweilzeit.

Schließlich soll noch die *Relation der ^{14}C- und ^{18}O-Gehalte* betrachtet werden (Abb. 17). In allen Untersuchungsgebieten ist dabei eine deutliche Abnahme der ^{18}O-Gehalte bei geringen ^{14}C-Gehalten festzustellen. Nimmt man an, daß innerhalb der Zeitspanne der betrachteten ^{14}C-Modellalter die Herkunft der feuchten Luftmassen in den einzelnen Untersuchungsgebieten gleich geblieben ist, so muß aus dieser Erniedrigung der ^{18}O-Gehalte von Grundwässern mit niedrigem ^{14}C-Gehalt geschlossen werden, daß diese Wässer ganz oder teilweise unter kälteren klimatischen Bedingungen als sie in den letzten Jahrtausenden herrschten, gebildet wurden. Eine grobe Näherungsrechnung, welche auf der

Lufttemperatur-δ^{18}O-Relation der heutigen Niederschläge basiert und die Änderung des δ^{18}O-Gehalts im pleistozänen Ozean berücksichtigt, ergibt für alle Untersuchungsgebiete eine Differenz von ≈ 7 °C zwischen den Grundwasser-Infiltrationstemperaturen im Holozän und Pleistozän, wobei Abweichungen in einzelnen Fällen auf Mischwasser zurückgeführt werden können. Es ist interessant, daß diese Temperaturdifferenz unabhängig auch aus Edelgasmessungen folgt, die an einigen Wässern des Gebiets „t" durchgeführt wurden [25].

4. Schlußbemerkungen

Abb. 18 zeigt die Grundwasserdatierungsbereiche der in Tab. 1 aufgelisteten Umweltisotope, wobei Verschiebungen je nach dem verwendeten Interpretationsmodell eintreten können. Die Verwendung von ^{39}Ar, das wegen seiner Halbwertszeit die Lücke zwischen den Datierungen mit ^{3}H und ^{85}Kr einerseits und ^{14}C andererseits ausfüllen würde, war bisher zweifelhaft, da bei den wenigen hydrologischen Anwendungen [26, 27] starke ungeklärte Diskrepanzen zwischen ^{14}C-Alter und ^{39}Ar-Alter des gleichen Grundwassers auftraten. Im erwähnten Untersuchungsgebiet „Fränkische Alb und ihr Albvorland" (s. Abschn. 3.5.) konnte jedoch gezeigt werden, daß entsprechende Korrekturen unter Berücksichtigung der chemischen und isotopischen Zusammensetzung der betreffenden Grundwässer und eines möglichen Isotopenaustausches zu erheblich erniedrigten ^{14}C-Modellaltern führen. Die ^{14}C- und ^{39}Ar-Alter liegen dann in einem Bereich, der durch eine hydrogeologisch sinnvolle Mischung von Grundwässern verschiedenen Alters erklärt werden kann [10].

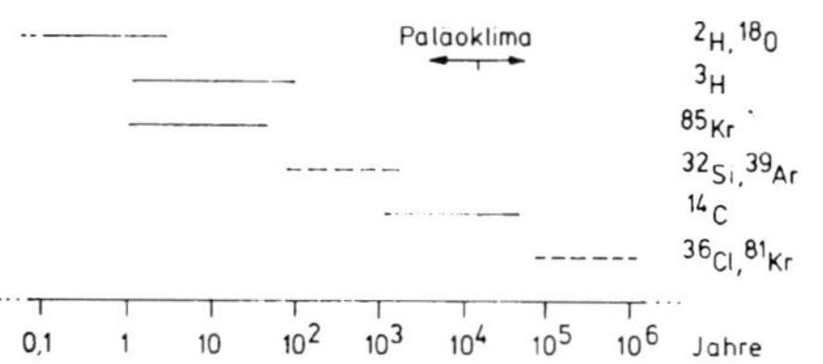

Abb. 18. Grundwasser-Datierungsbereiche von Umweltisotopenmethoden, die routinemäßig angewendet werden (———) oder in Entwicklung sind (------). Der genaue Bereich hängt vom verwendeten Interpretationsmodell ab (aus [5])

Daneben wurde inzwischen eine Arbeit an einem Sandstein-Grundwasserleiter des Saarlandes abgeschlossen [28], bei der in Zusammenarbeit mit der Universität Bern neben intensiven chemischen Untersuchungen und herkömmlichen Isotopenanalysen auch 5 Messungen des ^{39}Ar-Gehalts durchgeführt wurden. Nach sorgfältiger Diskussion der ^{14}C-Modellalter, welche mit verschiedenen chemischen und hydraulischen Modellen ermittelt wurden, ergibt sich in keinem Fall eine Diskrepanz zum ^{39}Ar-Alter (Tab. 5), wobei aus den ^{3}H- und ^{85}Kr-Gehalten und deren Relation zusätzliche Einsichten über die Zumischung „jungen" Grundwassers gewonnen werden konnten. Demnach scheint ^{39}Ar doch ein für die Grundwasserdatierung brauchbarer Tracer zu sein, was den hohen meßtechnischen Aufwand einer ^{39}Ar-Bestimmung rechtfertigen würde. Freilich sind hier vor allem die Voraussetzungen einer störungsfreien, d. h. nicht von einer ^{39}Ar-Produktion im Untergrund beeinflußten hydrologischen Anwendung zu klären.

Das Sicherheitsbedürfnis z.B. bei der Einlagerung von radioaktiven Abfällen zwingt auch, an Datierungen im

Tab. 5. Mittlere Verweilzeit T von Grundwässern aus einem tiefliegenden Sandstein-Grundwasserleiter des Saarlandes, abgeleitet vom hydraulischen Exponentialmodell (EM) und Piston-Flow-Modell (PFM) (aus 28])

Brunnen	Isotop	T (EM) a	T (PFM) a
Kirkel:	^{14}C	<2000	<2000
	^{39}Ar	125 ± 35	110 ± 25
	^{85}Kr	>60	25 ± 5
	^{3}H	>60	25
Alt-heim 1:	^{14}C	<2000	<2000
	^{39}Ar	110 ± 25	110 ± 20
	^{85}Kr	≈ 40	$\geqq 25$
	^{3}H	≈ 40	$\geqq 25$
Alt-heim 2:	^{14}C	<2000	<2000
	^{39}Ar	720 ± 130	400 ± 40
	^{85}Kr	>60	>25
	^{3}H	>60	>25
Blick-weiler:	^{14}C	$2400-4200$	$2000-3600$
	^{39}Ar	>2000	>1200
Blie-kastel:	^{14}C	$8400-12000$	$5800-7300$
	^{39}Ar	>2000	>1200

Bereich von 10^5 Jahren zu denken. Die Verwendung vom ^{36}Cl, welche z.B. an einem regionalen Grundwasserleiter in Australien erstaunliche Ergebnisse erbrachte [29], wäre hier ein allerdings nur zusammen mit einem Beschleunigerlaboratorium gangbarer Weg. Eine andere Frage ist allerdings, ob die vorhandenen Ressourcen auf dem Gebiet der Isotopenmeßtechnik nicht besser für aktuelle und nicht mit spekulierenden Extrapolationen über hunderttausende von Jahren verbundene Probleme, wie etwa den Schwefel- und Stickstoffhaushalt verwendet werden sollten.

Danksagung

Für ihre Hilfe bei der Herstellung des Manuskripts wird Frau *R. Grimm* und Herrn *A. Schmeller* sehr herzlich gedankt.

Eingegangen am 22. 11. 1983

Literatur

[1] *H. Moser*, Referat auf der 1. Arbeitstagung „Isotope in der Natur", Gera, 22.–26. 9. 1975

[2] *H. Moser*, ZFI Mitt. **29** (1980) 263

[3] *W. Drost, D. Klotz*, Guidebook on Nuclear Techniques in Hydrology, 1983 Edition, Wien 1983, 223

[4] *W. Günthert, H. Behrens*, Beiträge Geol. Schweiz – Hydrologie Nr. 28, Bern 1982, 471

[5] *H. Moser, W. Rauert*, Referat XVIII IUGG Assembly, IAHS-Symposium Relation of Groundwater Quantity and Quality, Hamburg, 15.–27. 8. 1983

[6] *W. Stichler, P. Trimborn, R. Auer, J. Lowag, M. Wahl*, GSF-Bericht R 290 (ISSN 0721-1694), 50

[7] *L. Eichinger, M. Forster, M. Kuchler, H. Rast, W. Rauert, J. Salvamoser, M. Wolf*, GSF-Bericht R 290 (ISSN 0721-1694) 74

[8] *L. Eichinger, W. Rauert*, Methods of Low-Level Counting and Spectrometry, IAEA, Wien 1981, 497

[9] *J. Salvamoser*, ^{85}Kr im Grundwasser – Meßmethodik, Modellüberlegungen und Anwendungen auf natürliche Grundwassersysteme, Dissertation Universität München 1982

[10] *L. Eichinger*, Bestimmungen des Alters von Grundwsässern mit Kohlenstoff-14: Messung und Interpretation der ^{14}C-Gehalte von Grundwässern des Fränkischen Albvorlandes, Dissertation Universität München 1982

[11] *H. Oeschger, U. Siegenthaler*, gwf-Wasser/Abwasser **113** (1972) 501
[12] *J. Ch. Fontes, J. M. Garnier*, Water Resources Res. **15** (1979) 399
[13] *W. G. Mook*, Interpretation of Environmental and Hydrochemical Data in Groundwater Hydrology, IAEA, Wien 1976, 213
[14] *E. Ingerson, F. J. Pearson* jr., Recent Researches in the Fields of Hydrosphere, Atmosphere and Nuclear Geochemistry, Tokyo 1964, 263
[15] IAEA, Environmental Isotope Data: World Survey of Isotope Concentration in Precipitation; Techn. Rep. Ser. No. 96, 117, 129, 147, 165, 192, 226, IAEA, Wien 1969, 1970, 1971, 1973, 1975, 1979, 1983
[16] *W. Stichler*, persönliche Mitteilung 1983
[17] *O. Reinwarth, W. Rauert, W. Stichler, H. Moser*, Annals of Glaciology **3** (1983) 274
[18] *W. Stichler, D. Baker, H. Oerter, P. Trimborn*, Z. Gletscherkde. Glazialgeol. **18** (1982) 25
[19] *H. Oerter, W. Rauert*, Z. Gletscherkde. Glazialgeol., **18** (1082) 13
[20] *W. Stichler, A. Herrmann*, Proc. Symp. Hydrolog. Research Basins, Sonderheft Landeshydrology, Bern 1982, 357
[21] *W. Stichler, A. Herrmann*, Rainfall-Runoff Relationship, Littleton Col. 1982, 245
[22] *W. Stichler, H. Moser, H. Batsche, H. Behrens*, in Vorbereitung; s. auch *W. Stichler, H. Moser, H. Batsche, B. Bertleff*, Isotope Hydrology in Water Resources Development, IAEA, Wien 1984, im Druck
[23] *L. Eichinger, W. Rauert, W. Stichler, B. Bertleff, R. Egger*, Isotope Hydrology in Water Resources Development, IAEA, Wien 1984, im Druck
[24] *G. Andres, R. Egger*, Informationsbericht 8/83 des Bayer. Landesamtes für Wasserwirtschaft, München 1983, 179
[25] *J. Rudolph, C. Sonntag*, persönliche Mitteilung 1983
[26] *H. H. Loosli*, Earth Planet. Sci. Lett. **63** (1983) 51
[27] *H. H. Loosli, H. Oeschger*, Radiocarbon **22** (1980) 863
[28] *M. Forster, H. Moser, H. H. Loosli*, Isotope Hydrology in Water Resources Development, IAEA, Wien 1984, im Druck
[29] *G. E. Calf, M. A. Habermehl*, Isotope Hydrology in Water Resources Development, IAEA, Wien 1984, im Druck

Isotopenpraxis **20** (1984) 7, S. 259 bis 263

Über die innere isotopische Verdünnung

Al. Cecal

(Fakultät für Chemische Technologie des Polytechnischen Instituts, Splai Bahlui — 71)[1]

Es wird eine Variante der isotopischen Verdünnung, die innere isotopische Verdünnung, für Korrosionsuntersuchungen vorgestellt. Die Methode wurde angewandt, um den Korrosionsprozeß von Stahlproben in wäßriger Lösung von HCl, H_2SO_4 und NaCl zu untersuchen. Dazu wurden die korrosiven Lösungen vor der Korrosion mit kleinen Mengen von radioaktiven $^{55+59}Fe^{3+}$-Ionen dotiert. Auf diese radioaktiven Eisenionen wirken als Dilutionsmittel die stabilen Eisenionen, die in den Korrosionslösungen während des Korrosionsprozesses entstehen. Die Werte der Geschwindigkeitskonstante und der Aktivierungsenergie, die dem Korrosionsprozeß von Stahl OL-32 entsprechen, wurden aus Versuchsergebnissen berechnet.

This work presents a method based on the isotope dilution, named internal isotope dilution, which can be applied to study the corrosion processess of some steel samples, immersed in aqueous corrosive solutions, i. e. HCl, H_2SO_4 and NaCl. The inactive iron ions which pass into solution due to corrosion reaction, act as dilution agent on the radioactive $^{55+59}Fe^{3+}$ ions. These last ions suffer an internal isotope dilution due to the increase of solution concentration of inactive iron ions. The values of constant rates, as well as those of activation energy, which characterize corrosion reactions, have been established.

Keywords

corrosion, iron 55; iron 59; isotope dilution; kinetics; potentiometry; steels; tracer techniques

Einführung

Im allgemeinen versteht man unter isotopischer Verdünnung den Vorgang, bei dem durch die von außen kommende Einführung einer Lösung, die ein Isotop (ein stabiles oder radioaktives) des zu untersuchenden Elements enthält, eine Verdünnung (radioaktiven oder stabilen) Isotops des gleichen Elements stattfindet, das sich schon vorher in dem gegebenen System befand. Durch ihre verschiedenartigen Varianten hat die isotopische Verdünnung unterschiedliche analytische Anwendungen gefunden: als direkte, doppelte oder umkehrbare isotopische Verdünnung, als substoichiometrische Verdünnung, bei der Derivate anfallen usw.

Die ersten Arbeiten, die sich auf die Verwendung der isotopischen Verdünnung bei der chemischen Analyse bezogen, stammen von *Hevesy* und *Hobbie* [1] und von *Starik* [2], die das Element Blei in verschiedenen chemischen Systemen bestimmten und dabei ^{210}Pb verwendeten. Später haben andere Forscher bedeutende Beiträge zur Analyse mit Hilfe der isotopischen Verdünnung beigesteuert [3—8].

In den folgenden Ausführungen legen wie eine neue Variante der isotopischen Verdünnung dar, die innere isotopische Verdünnung. Dabei wird das Dilutionsisotop nicht mehr von außen in ein gegebenes System eingeführt, sondern es wird im Laufe der chemischen Umwandlungsprozesse im gegebenen System erzeugt.

Um eine innere isotopische Verdünnung zu veranschaulichen, wurde der Korrosionsprozeß an Stahlproben unterschiedlichen Typs verwendet [9—17]; durch den anodischen Auflösungsprozeß der festen Metallprobe, die in die Lösung eingetaucht wird, bringen die Eisenionen, die in die korrosive Flüssigkeit übergehen, eine innere isotopische Verdünnung der radioaktiven $^{55+59}Fe^{3+}$-Ionen hervor (die letzteren sind in dem aggressiven Medium in einer allerdings geringeren Konzentration von vornherein vorhanden).

[1]) Anschrift: 6600-Iasi, Rumänien

Experimenteller Teil

Um die innere isotopische Verdünnung nachweisen zu können, wurden in mehreren Gläsern je 45 ml Wasser und 5 ml einer $2 \cdot 10^{-3}$ M $^{55+59}FeCl_3$-Lösung mit einer spezifischen Aktivität von $5 \cdot 10^5$ Bq/ml eingeführt. Zu jedem Glas wurden unterschiedliche Mengen an $FeCl_3$ in festem Zustand hinzugefügt: 0,05; 0,25; 0,5; 1,0; 1,5; 2,0 und 2,5 g. Nachdem das $FeCl_3$ sich aufgelöst hatte, wurde jedem Glas je 1 ml einer Probe entnommen, die in Porzellantiegel gegossen und unter einer Infrarotlampe eingedampft wurde. Danach wurde die jeweilige Aktivität des verbliebenen Restbestandes in den Tiegeln bestimmt. Dazu wurde eine Szintillationssonde (NaI/Tl) benutzt, die an einen Einkanalanalysator NK-150 angeschlossen war.

Aus den experimentellen Daten geht hevor, daß die spezifische Aktivität der entnommenen Proben in dem Maße abnimmt, wie die Menge des festen $FeCl_3$, die in die $FeCl_3$-Lösungen eingeführt wurde, zunimmt. Das ist eine Folge der inneren isotopischen Verdünnung, die während der Auflösung des festen Salzes auftritt.

In einer gesonderten Versuchsreihe, die sich auf die Korrosion von Stahl OL-32 bezog, kam es ebenfalls zur inneren isotopischen Verdünnung, als die Fe^{2+}- und Fe^{3+}-Ionen in die korrosive Lösung kamen und als Verdünnungsfaktor auf die radioaktiven $^{55+59}Fe^{3+}$-Ionen einwirkten, die von Anfang an vorhanden waren.

Um die innere isotopische Verdünnung bei Stahl OL-32 zu untersuchen, wurden mehrere Stahlproben in Form kleiner Röhrchen mit einem Durchmesser von 1,7 cm verwendet, die geschliffen, mit Wasser gewaschen, mit Aceton abgerieben und in einem Exsikkator ($CaCl_2$) getrocknet worden waren. Die Zusammensetzung des verwendeten Stahls war folgende: 0,17% C; 0,21–0,60% Mn; 0,017% Si; 0,055% S und dazu, bis zu 100%, Eisen.

Dann wurden 5 Erlenmeyergläser verwendet, die je 100 ml HCl-Lösung (5,5 M; 4 M und 2,75 M), H_2SO_4 (5,5 M) und NaCl (5,5 M) enthielten. Zu jedem Becher wurden noch 30 ml $2 \cdot 10^{-3}$ M $^{55+59}FeCl_3$-Lösung mit einer spezifischen Aktivität von $5 \cdot 10^5$ Bq/ml hinzugefügt. Danach wurde in jeden Becher eine OL-32 Stahlprobe eingelegt, um den Korrorionsprozeß anzuregen.

Nach verschiedenen Zeitabständen wurden aus jedem Becher Lösungsproben entnommen, die in Porzellantiegeln separat aufbewahrt wurden. Nach der Abdampfung unter einer Infrarotlampe wurde die Aktivität der jeweiligen Restbestände bestimmt. Dabei ergab sich, daß mit dem Fortschreiten des Korrosionsprozesses die spezifische Aktivität der Lösung abnahm (R_3).

Um zu beweisen, daß dieser Aktivitätsschwund nicht allein auf den natürlichen radioaktiven Zerfall der Eisenkerne 55 + 59 zurückgeht, wurde eine separate Probe entnommen, die 100 ml Wasser und 30 ml $^{55+59}FeCl_3$-Lösung mit einer entsprechenden Aktivität enthielt. Davon wurde 1 ml Lösung entnommen und in einen Prozellantiegel eingeführt. Nach Verdampfung unter der Infrarotlampe galt die Restmenge als Vergleichswert der übrigen Proben. Immer wenn eine neue Probe aus einem korrosiven System entnommen wurde, wobei man deren Aktivität bestimmte, wurde auch die Aktivität der Vergleichsprobe ermittelt (R_1). In allen Fällen war $R_1 > R_2$.

Die Nettoaktivität der Lösung (R), die nur auf den intimen Korrosionsvorgang zurückgeht, damit auf die innere isotopische Verdünnung, wird durch die Differenz ausgedrückt:

$$R = R_1 - R_2 \qquad (1)$$

Während die Korrosion fortschreitet, der Kontakt zwischen stahlkorrosiven Medium andauert, wird die spezifische Aktivität R geringer. Die experimentellen Untersuchungen wurden bei 4 verschiedenen Temperaturen durchgeführt.

Denselben Korrosionsprozeß (bei 294,9 K) haben wir auch potentiometrisch nachgeprügt, wobei die Ionen, die in die betreffende Korrosionsflüssigkeit eintraten (aus der OL-32 Stahlprobe), mittels eines Tritimeters VEB vom Typ TM-3 mit zwei Elektroden: Pt/Kalomel titriert wurden. Diese Bestimmungen haben gezeigt, daß beim Fortschreiten der Korrosion die Anzahl der Eisenionen in der korrosiven Flüssigkeit zunimmt (ohne $FeCl_3$).

Ergebnisse und Diskussion

a) *Innere isotopische Verdünnung*

Der experimentelle Nachweis der inneren isotopischen Verdünnung ist auf Abb. 1 wiedergegeben. Dabei kann festgestellt werden, daß in dem Maße, wie die nichtradioaktiven Eisenionen zunehmen, die durch die Auflösung zunehmender Mengen von Eisenchlorid entstehen, die spezifische Aktivität der radioaktiven Lösung abnimmt, die gelöstes $^{55+39}FeCl_3$ enthält. Das heißt, daß die nichtradioaktiven Eisenionen die Funktion eines isotopischen Dilutions-

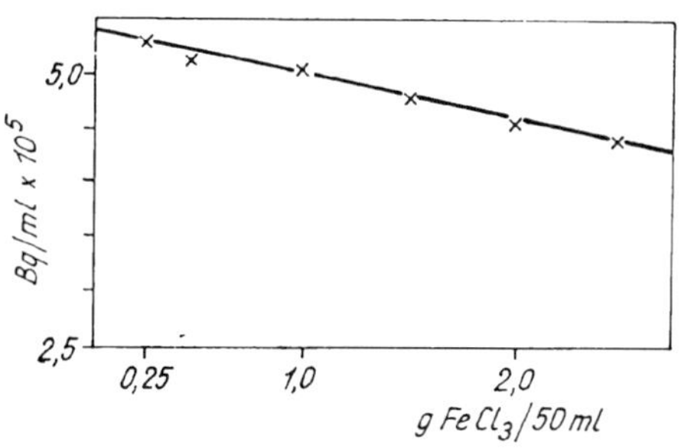

Abb. 1. Abhängigkeit der spezifischen Aktivität (Bq/ml) von der $FeCl_3$ Menge, die dem System zugesetzt wird

agens übernehmen und so auf die radioaktiven Ionen einwirken, die von Anfang an in der Lösung vorhanden waren. Die Konzentration der radioaktiven Formen von $^{55+59}FeCl_3$ ist in molaren Brüchen ausgedrückt:

$$x_{^{55+59}Fe^{3+}} = \frac{[^{55+59}Fe^{3+}]}{[^{55+59}Fe^{3+}] + [Fe^{3+}]} \qquad (2)$$

Weil die spezifische Aktivität der Lösung direkt proportional der Konzentration der Eisenionen $^{55+59}Fe^{3+}$ ist

$$R = f(x_{^{55+59}Fe^{3+}}) \qquad (3)$$

wird die umgekehrt proportional der Konzentration der nichtaktiven Eisenionen sein:

$$R = f\left(\frac{1}{[Fe^{3+}]}\right) \qquad (4)$$

Dadurch kann die Gerade, die sich aufgrund der experimentellen Feststellungen ergibt, erklärt werden.

b) *Die Untersuchung der Korrosion des Stahls OL-32*

Der Korrosionsvorgang der Stahl-OL-32-Proben kann durch die Abfolge der Reaktionen wiedergegeben werden [18–21]:

– anodische Auflösung der Metallprobe:

$$Fe \rightarrow Fe^{2+} + 2\,e^-$$

– Reduzierung der H^+-Ionen, die als Polarisationsfaktor wirken:

$$2\,H^+ + 2\,e^- \rightarrow H_2$$

Bei einem Übermaß an Sauerstoff, kann die elektrochemische Korrosion auch durch andere Reaktionen dargestellt werden:

$$1/2\,O_2 + H_2O + 2\,e^- \rightarrow 2\,OH^-$$

$$Fe^{2+} + 2\,OH^- \rightarrow Fe(OH)_2$$

oder:

$$2\,Fe^{2+} + 1/2\,O_2 + H_2O \rightarrow 2\,Fe^{3+} + 2\,OH^-, \quad \text{usw.}$$

Das Anwachsen der Konzentration des nichtradioaktiven Eisens in der Korrosionsflüssigkeit:

$$[Fe^{n+}] = [Fe^{2+}] + [Fe^{3+}]$$

kann durch eine kinetische Gleichung erster Ordnung wiedergegeben werden:

$$d\,[Fe^{n+}]/dt = k[Fe^{n+}] \tag{5}$$

oder:

$$\ln\,[Fe^{n+}] = kt \tag{6}$$

wobei k die Geschwindigkeitskonstante der Korrosionsreaktion ist.

Wenn die Variation der nichtradioaktiven Eisenionen in Abhängigkeit von der Reaktionsdauer graphisch dargestellt wird (Formel 5) bzw. entsprechend der potentiometrischen Methode (bei Nichtanwesenheit von $^{55+59}FeCl_3$ im korrosiven Mittel) ergibt sich eine Kurve, die in Abb. 2 wiedergegeben ist.

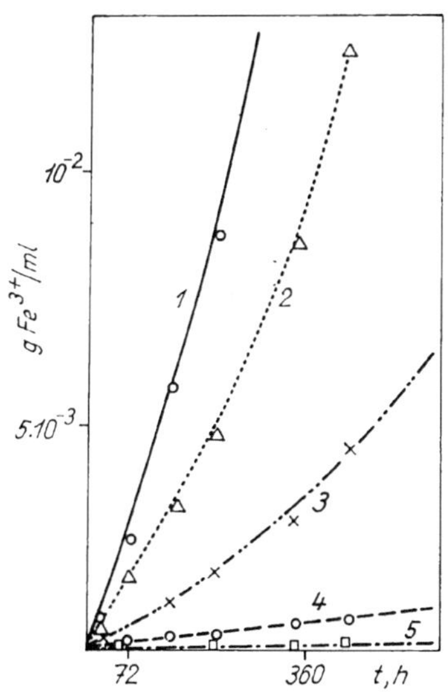

Abb. 2. Variation der Ionenkonzentration Fe^{3+} in Abhängigkeit von der Kontaktzeit: OL-32-Stahlprobe und Korrosionsmittel

(1) – HCl (5,5 M); (2) – HCl (4 M); (3) – HCl (2,75 M); (4) – H_2SO_4 (5,5 M) und (5) – NaCl (5,5 M)

Um auf die Versuche zurückzukommen, die im Beisein von $^{55+59}FeCl_3$ angestellt wurden: Es ist festzustellen, daß beim Fortschreiten des Korrosionsprozesses die spezifische Aktivität der Lösung sich verringert, und zwar wegen der inneren isotopischen Verdünnung, die sich auf die $^{55+59}Fe^{3+}$-Ionen auswirkt (durch die nichtradioaktiven Eisenionen, die von der Metallprobe in die Lösung übergehen). Die graphische Darstellung der Aktivitätsschwankung im Laufe der Kontaktzeit der OL-32-Probe mit der Korrosionsflüssigkeit (Abb. 3) ergibt eine Kurve, die jeweils den einzelnen Korrosionssystemen entspricht.

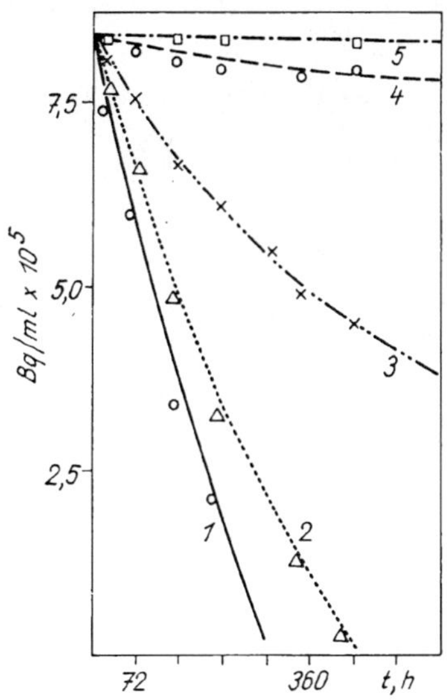

Abb. 3. Verringerung der spezifischen Aktivität der Korrosionsflüssigkeit (mit $^{55+59}FeCl_3$) in Abhängigkeit vom Korrosionsverlauf, von der inneren isotopischen Verdünnung:

(1) – HCl (5,5 M); (2) – HCl (4 M); (3) – HCl (2,75 M); (4) – H_2SO_4 (5,5 M) und (5) – NaCl (5,5 M)

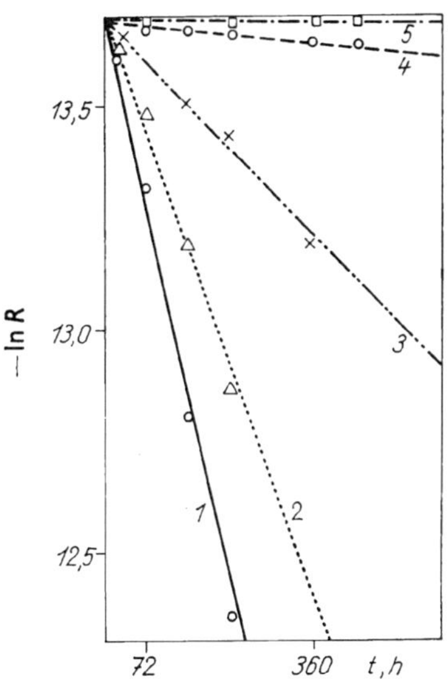

Abb. 4. Variation des Logarithmus der Aktivität in Abhängigkeit von der Kontaktzeit zwischen OL-32-Stahlprobe und Korrosionsmittel

(1) – HCl (5,5 M); (2) – HCl (4 M); (3) – HCl (2,75 M) (4) – H_2SO_4 (5,5 M) und (5) – NaCl (5,5 M) – bei 294,5 K

Wenn die Kurvenverläufe in Abb. 2 und 3 miteinander verglichen werden, sieht man, daß sie symmetrisch sind, aber in entgegengesetzter Richtung verlaufen. Daraus kann gefolgert werden, daß die in dieser Arbeit vorgeschlagene innere isotopische Verdünnung bei der Beobachtung des Verlaufs des Korrosionsprozesses verwendet werden kann. Zwecks Beschreibung der Kinetik der Korrosionsreaktionen wird die Konstanten-Bestimmung der Geschwindigkeit jeder Reaktion zu Hilfe genommen.

Aus den Formeln (4) und (6) gelangt man zu der Formel:

$$-\ln R = kt \tag{7}$$

in welcher R durch die Formel 1 ausgedrückt wird.

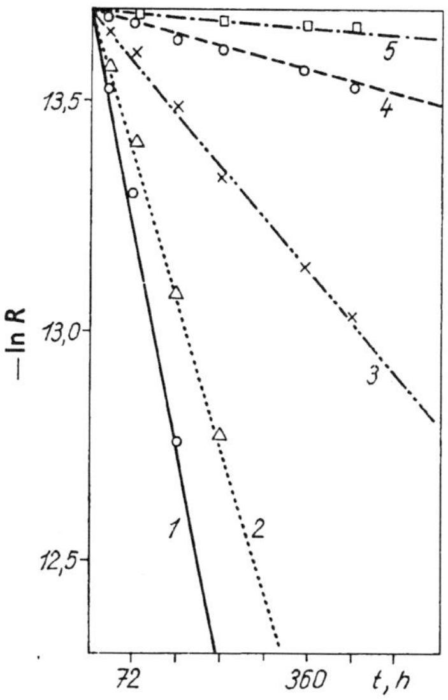

Abb. 5. wie Abb. 4, jedoch bei 300,8 K

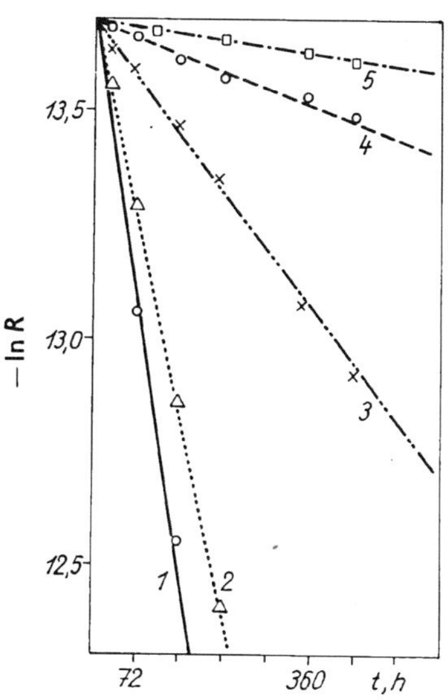

Abb. 6. wie Abb. 4, jedoch bei 307,0 K

Die graphische Darstellung der Gleichung (7) in den Koordinaten $-\ln R = f(t)$ ergibt eine Gerade, aus deren Steigung der Wert der Geschwindigkeitskonstanten ermittelt werden kann bzw. für jedes Ergebnis in Abb. 4—7 zu sehen ist, ebenso wie die verwendete Arbeitstemperatur. In Tab. 1 sind die Werte der jeweiligen Konstanten eingetragen.

Aus der graphischen Darstellung: $\ln k = f(1/T)$ entsprechend der *Arrhenius*-Gleichung [22] ermittelt man eine Gerade, deren Steigung zur Ermittlung der Werte der Aktivierungsenergie benutzt wird bzw. für jeden Einzelfall. Die experimentellen Daten enthält Tab. 1.

Aus den Versuchen geht hervor, daß der Korrosionsvorgang bei HCl um ein beträchtliches fortgeschrittener ist als bei H_2SO_4 und NaCl-Lösungen. Wenn in Systemen mit H_2SO_4 und NaCl eine Schutzschicht mit der ungefähren Zusammensetzung: $Fe_2(OH)_2(SO_4)_2$ oder $Fe(OH)_3$ vorliegt, ist in HCl-Lösungen eine eventuelle Anlagerung von Eisensalz auf der Stahlprobe in diesem Korrosionsmedium möglich, die sogleich von der Säure aufgelöst wurde [23—24].

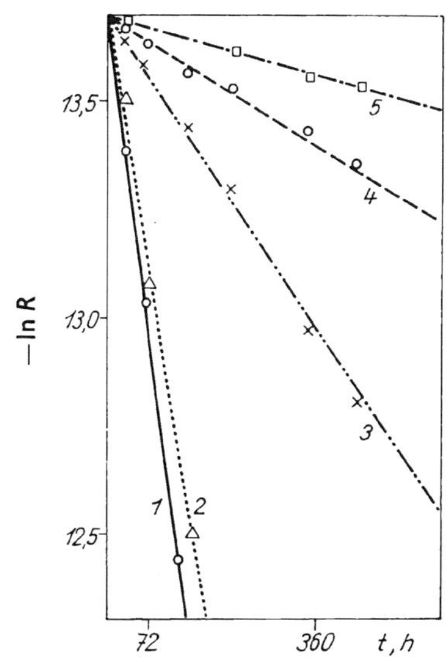

Abb. 7. wie Abb. 4, jedoch bei 313,4 K

Abschließend kann behauptet werden, daß die innere isotopische Verdünnung mit Erfolg bei der Untersuchung der Kinetik bei Korrosionsreaktionen durch Bestimmung der Löslichkeit einiger schwer lösbarer chemischer Substanzen verwendet werden kann.

Eingegangen am 30. 11. 1983

Literatur

[1] *G. Hevessy, R. Hobbie*, Z. anal. Chem. **81** (1932) 1
[2] *J. E. Starik*, Probl. soviet. geol. **3** (1933) 70
[3] *O. Hahn*, „Applied Radiochemistry", Cornell Univ. Press. Ithaca, New York 1936
[4] *D. Rittenberg, G. L. Foster*, J. Biol. Chem. **133** (1940) 737
[5] *S. Aronoff*, "Technique of Radiobiochemistry", Iowa State College Press, Ames, Iowa 1956
[6] *T. T. Gorsuch*, "Radioactive Isotope Dilution Analysis", UK AEA, Review nr. 2, Amersham, 2nd edition 1965

Tab. 1. Geschwindigkeitskonstanten und Aktivierungsenergie für die untersuchten Systeme

Medium	k, h^{-1}				ΔE, KJ/Mol
	294,5 K	300,8 K	307,0 K	313,4 K	
HCl (5,5 M)	0,0617	0,0690	0,0855	0,108	57,2
HCl (4 M)	0,0370	0,0444	0,0587	0,0865	62,8
HCl (2,75 M)	0,0142	0,0158	0,0179	0,0198	78,3
H_2SO_4 (5,5 M)	0,00016	0,00038	0,00052	0,00084	121,2
NaCl (5,5 M)	0,000083	0,000121	0,000207	0,000385	163,5

Kurznachrichten / Newlets

Strahlensterilisierung:
NEUES LABORATORIUM FUER FRUCHTFLIEGENZUCHT IN SEIBERSDORF

Um durch Ausrottung der Mittelmeerfruchtfliege die Obst- und Gemueseproduktion Aegyptens weiter zu verbessern, eroeffnen die IAEA und die FAO am 15. 2. 1984 eine neue Anlage innerhalb des Seibersdorfer Laboratoriums der IAEA. Dabei handelt es sich um eine Grossversuchsanlage zur massenhaften Aufzucht der Mittelmeerfruchtfliege mit einer Kapazitaet fuer die Zucht von 8 bis 10 Millionen Fliegen. Sie wurde gebaut, um Materialien und Methoden fuer eine rationelle und wirtschaftliche Zucht der Fliege zu entwickeln und zu erproben. Diese sollen dann an einer groesseren Anlage Verwendung finden, die in Aegypten gebaut werden und rund eine Milliarde Fliegen woechentlich produzieren soll. Die Fliegen werden durch Bestrahlung sterilisiert und in grosser Anzahl in den Befallsgebieten freigelassen. Wenn sich die in Freiheit lebenden Weibchen mit sterilisierten Maennchen paaren, entsteht kein Nachwuchs, und dadurch wird die Art innerhalb einiger Generationen ausgerottet. Diese Schaedlingsbekaempfungsmethode wird als Sterile Insect Technique (SIT) bezeichnet. Normalerweise wird die Mittelmeerfruchtfliege zumeist durch Verspruehen von Insektiziden am Boden und aus der Luft bekaempft. Bei bestimmten Gelaendeformationen und Wetterbedingungen ist das Verfahren allerdings nicht unbedingt wirksam. Ausserdem kann durch das haeufige Verspruehen von Insektiziden die Umwelt geschaedigt werden, da nuetzliche Insekten und raeuberische Kleintiere zugrundegehen, und da sich Insektenstaemme herausbilden koennen, die gegen Insektizide widerstandsfaehig sind. Die Schaedlingsbekaempfung durch nukleare und andere fortschrittliche Methoden kann bei integrierten Bekaempfungsprogrammen eine wesentliche Rolle spielen, da sie es ermoeglicht, auf eine artspezifische, umweltfreundliche und wirtschaftliche Art Schadinsekten zu bekaempfen, fernzuhalten oder auszurotten. Das Laboratorium, das vor allem fuer Ausbildungszwecke und fuer Forschungsarbeiten zur Unterstuetzung von Projekten bestimmt ist, wurde mit Mitteln aus dem ordentlichen Budget der IAEA und der FAO, sowie aus dem Kursbudget des Programms Technischer Zusammenarbeit der IAEA gebaut und ausgestattet. (IAEA-Pressekommunique 84/6)

Isotopengeologie:
WASSERTROPFEN 50 MILLIONEN JAHRE ALT

Ein 50 Millionen Jahre alter Wassertropfen ist in konservierter Form in der UdSSR im Pamir-Gebirge gefunden worden. Er ist in einem kleinen Bergkristall eingeschlossen. Ein so alter Wassertropfen wurde im Pamir-Gebiet zum erstenmal entdeckt. Um den wertvollen Fund nicht zu zerstoeren, wird der Kristall gegenwaertig nicht untersucht. Er soll im Mineralogischen Museum der Tadshikischen Universitaet aufbewahrt werden, bis geeignete feinste Analysenmethoden entwickelt sind, mit deren Hilfe der Tropfen wichtige Informationen preisgeben kann. (Neues Deutschland, 3./4. Maerz 84)

Strahlenschutz:
RADIATION HAZARD FROM EAR STUDIES AND JEWELRY

Some of us remembers when X-ray machines were an attraction in shoe stores. Loocking at an X-ray picture of shoes and feet, sumultaneously one's vital organes were being zapped with a few 10mGy. Fortunately those days are gone, but nowadays other hazards appeared. To study the function of the inner ear vibration measurements were made using the Moessbauer effect. Therefore a tiny source of Co-57 is placed on the basilar membrane in the ear. When sound is applied to the ear the velocity of the source can be measured by passing the X-rays through a fixed absorber and measuring their intensity. A dose of about 75Gy is receiving during the first hour of a test. One would care for that exposure. Recently radioactive jewelry appeared in the USA. Gemstones were being irradiated with neutrons to enhance their natural colors. To avert the purchase of such fake color jewelry many gem dealers use GM-counters for screening incoming stocks. On the other hand certain jewelry imported from Taiwan has been found to be painted with uranium-containing paints. Wearing of such jewelry as a pendant for 50 h/week for a year would give the wearer a dose of 25% of that allowed workers in nuclear plants. Taiwan was made to stop the export by the IAEA. One hazard seems obviously harmful, the other is quite small, but can we have a risk free society? (W.S. Lyon, Radiochem. Radioanal. Letters 59(1983)3)

Strahlenkonservierung:
REGIONALES PROJEKT FUER LEBENSMITTELBESTRAHLUNG IN ASIEN

Die dritte von der FAO und IAEA veranstaltete Koordinationstagung des regionalen Projekts fuer Lebensmittelbestrahlung in Asien fand gleichzeitig mit der vierten Tagung von Vertretern der an dem Projekt beteiligten Regierungen im April 1984 am Suedkoreanischen Energieforschungsinstitut in Seoul statt. Die Tagungsteilnehmer kommen aus Australien, Bangladesch, Indien, Indonesien, Japan, der Republik Korea, Malaysia, Pakistan, den Philippinen, Sri Lanka, Thailand und Vietnam. Das regionale Forschungsprojekt wurde von 1980 bis 1984 von der japanischen Regierung finanziell unterstuetzt, um es Wissenschaftlern aus den Entwicklungslaendern Asiens und des Pazifischen Raumes zu ermoeglichen, technische Daten ueber die Verwendung von Strahlen zur Konservierung und Verbesserung der hygienischen Qualitaet von Fischereiprodukten, Mangos, Zwiebeln und Gewuerzen zu erarbeiten. Die Untersuchungen haben eindeutig ergeben, dass die Strahlenbehandlung dieser Nahrungsmittel technisch und wirtschaftlich durchfuehrbar ist. Bei der Bekaempfung der Schaedlinge von Tropenfruechten, wie Fruchtfliegen, die Mangos befallen, hat sich das Verfahren auch hervorragend bewaehrt, ebenso wie bei der Verbesserung der hygienischen Qualitaet von Gewuerzen, beides wichtige Exportartikel des betreffenden Gebietes. Die Bestrahlung von Nahrungsmitteln wird immer mehr als geeignetes Verfahren anerkannt, um Einbussen waehrend der Lagerung zu verringern und die Verteilung der Produkte zu erleichtern und zu erweitern. Vor kurzem hat die oberste Behoerde der USA fuer Nahrungs- und Genussmittel eine Verordnung erlassen, die eine Bestrahlung bis zur Hoechstdosis von 1 kGy (100 krad) und bei Gewuerzen bis zu 30 kGy (4 Mrad) bei der Produktion, Verarbeitung und Manipulation von Nahrungsmitteln gestattet. 28 weitere Staaten haben gemeinsam rund fuenfundvierzig bestrahlte Nahrungsmittel uneingeschraenkt oder mit Beschraenkungen fuer den menschlichen Genuss zugelassen. Einige der Laender im asiatischen Raum beabsichtigen, kommerzielle Bestrahlungsanlagen zu errichten. Mehrere Entwicklungslaender in Asien und im Pazifischen Raum sind bereit, grossangelegte technisch-wirtschaftliche Vorstudien ueber Nahrungsmittelbestrahlung durchzufuehren. (IAEA-Pressekommunique (1984) 8)

Strahlenkonservierung:
WEITERE LEBENSMITTEL ZUR BESTRAHLUNG ZUGELASSEN

Nach einer schweizerischen Verordnung vom Februar 1984 wird die Zulassung der Lebensmittelbestrahlung neu auf gewisse frische Fruechte und Gemuese sowie auf einige Gewuerze ausgedehnt. Nach der neuen Regelung betraegt die fuer Fruechte und Gemuese zugelassene Strahlendosis neu 100 000 Rad, waehrend diejenige fuer Gewuerze bei 3 Mio Rad liegt. Schon im Juli 1983 war die Liste der zur Bestrahlung freigegebenen Lebensmittel erweitert worden. Vom zustaendigen Ministerium wird eine nochmalige Ausdehnung ins Auge gefasst. Die Strahlenkonservierung erweitert die Methode zur Verhuetung des Verderbs von Nahrungsmitteln um eine neue Dimension. Sie kann Faeulniserreger und pathogene Mikroben in Nahrungsmitteln, Schadinsekten in Getreide, Erbsen, Bohnen, Linsen und Trockennahrung vernichten, die Lagerfaehigkeit von frischem Fisch, Obst und Gemuese verlaengern und die Bekoemmlichkeit erhoehen, ohne Rueckstaende zu hinterlassen. Die Lebensmittel behalten im wesentlichen ihren Naehrwert, ihr Aussehen, ihren Geruch und Geschmack. (SVA-Bulletin 84/5)

Altersbestimmung:

AMINOSAEUREDATIERUNG SCHLIESST LUECKE ZWISCHEN C-14 UND K/Ar-METHODE

Die Besonderheit der neuen Methode ist vorwiegend darin zu sehen, dass Proben von einigen Hundert bis maximal 1,2 Mill. Jahre zurueck absolut und direkt datiert werden koennen, so dass nicht nur die Luecke zwischen C-14- und K/Ar-Methode (70 000-100 000 a) geschlossen wird, sondern auch eine Ueberpruefung von Daten desselben oder assoziierten Materials durch verschiedene Verfahren moeglich wird. Die Grundlage der Methode besteht im Aufbau der Proteine aller lebenden Organismen aus Aminosaeuren der L-Konfiguration. Sie wandeln sich nach dem Tod solange in solche der D-Form (und umgekehrt) um, bis ein chemisches Gleichgewicht erreicht ist. Dieser Vorgang laeuft bei verschiedenen Aminosaeuren mit unterschiedlicher Geschwindigkeit ab. Kinetische Untersuchungen haben ergeben, dass es sich bei der Umwandlungsreaktion um eine Reaktion 1. Ordnung handelt. Der wesentliche Unterschied zu den auf radioaktivem Zerfall beruhenden Verfahren besteht jedoch in der Temperaturabhaengigkeit der Geschwindigkeit der L/D-Umwandlung, was eine Rekonstruktion der Palaeotemperatur notwendig macht. Zu den wichtigsten Anwendungsbereichen zaehlt im palaeoanthropologischen Bereich natuerlich das Kollagen der Knochen von Wirbeltieren. Aber auch das Keratin der Haare, das Dentin der Zaehne, das Conchiolin der Muscheln usw., alle aus Aminosaeure aufgebaut, koennen analysiert werden. (Umschau 84(1984)2, S. 46-47)

Klaerschlammbestrahlung:

KOMMERZIELLE KLAERSCHLAMMBESTRAHLUNG MIT Cs-137

Im Dezember 1983 ist im bayrischen Geiselbullach in der Naehe von Muenchen eine spezielle Bestrahlungsanlage zur Hygienisierung von Klaerschlamm mit Strahlenquellen aus Cs-137 beladen worden. Die von der Gebrueder Sulzer AG, Winterthur, im Jahre 1973 gebaute und seit drei Jahren von einem Abwasserverband auf rein kommerzieller Basis mit andern Strahlenquellen betriebene Anlage weist ermutigende Betriebsresultate aus. Rund 150 Kubikmeter Klaerschlamm werden in der Bestrahlungsanlage Geiselbullach pro Tag waehrend kurzer Zeit einer harten Gammastrahlung ausgesetzt und so die im Schlamm enthaltenen Krankheitskeime zerstoert. Die Klaerschlammhygienisierung auf der Basis der radioaktiven Bestrahlung liefert einen Landwirtschaftsduenger, der gegenueber herkoemmlichen Kompostier- und Pasteurisierverfahren verschiedene Vorteile aufweist und wird deshalb sehr geschaetzt. Mit dem erstmaligen Einsatz von Cs-137-Isotopen anstelle der bisher verwendeten Co-60-Quellen beschreitet die Anlage Geiselbullach Neuland. Die in die bayrische Anlage eingesetzten Cs-Quellen stammen aus den USA, wo man sich ebenfalls mit Grundlagenversuchen bei der Schlammbehandlung befasst. So baut die Stadt Albuquerque momentan mit einem Kostenaufwand von 18 Mio US $ eine Pilotanlage zur Schlammbestrahlung, die 1985 mit einer Tageskapazitaet von 35 t Klaerschlammtrockenduenger in Betrieb gehen soll. (SVA-Bulletin (1984) 2, S. 10)

Isotopenproduktion:

NEUE ANLAGE ZUR ERZEUGUNG VON RADIOISOTOPEN IN DER BRD

Kuerzlich wurde im Kernforschungszentrum Karlsruhe (KfK) die Produktionskapazitaet wesentlich erweitert. Es handelt sich um ein Kompaktzyklotron, mit dem kurzlebige, fuer die medizinische Diagnostik besonders geeignete Radioisotope, wie z.B. Thallium-201, Jod-123, Rubidium-81m oder Gallium-67 hergestellt werden koennen. Daneben dient die Anlage auch noch wirtschaftlich wichtigen Verschleiss- und Korrosionsuntersuchungen an Maschinenteilen durch Duennschichtaktivierung. Aufgrund der erheblichen Nachfrage nach entsprechenden radioaktiven Stoffen ist damit zu rechnen, dass dieser Dienstleistungsbereich des KfK vollstaendig von Einnahmen getragen werden kann. (SVA-Bulletin (1984) 4, S. 14)

Kernenergie:

FRANZOESISCHER ATOMSTROMANTEIL IM JANUAR 1984

Der Anteil der Produktion der franzoesischen Kernkraftwerke an der gesamten Stromerzeugung Frankreichs betrug im Januar 1984 nach provisorischen Angaben 55,4%. Die entsprechenden Werte beliefen sich fuer die konventionell-thermischen Kraftwerke auf 26,3% und fuer die Wasserkraftwerke auf 18,3%. Die Gesamtstromproduktion belief sich auf 30,9% Mia kWh. (SVA-Bulletin (1984) 4, S.8)

Nuklearmedizin:

EIN VERGLEICH VON COMPUTERTOMOGRAPHIE (CT), ULTRASCHALL-UNTERSUCHUNG(US) UND SZINTIGRAPHIE (GC) ALS DIAGNOSEMETHODEN FUER ALKOHOLLEBERSCHAEDEN

35 Alkoholiker mit histologisch gesicherten Leberschaeden wurden mit allen drei im Titel genannten Diagnosemethoden untersucht, um das relativ am besten geeignete Screeningverfahren zur Erkennung von Leberzirrhosen zu finden. Abnorme Leberdarstellungen ergaben mit CT 83% der Patienten, mit Ultraschall 64% und mit Szintigraphie (80 MBq Tc-99m) 94% der Patienten. Bei 10 Kontrollpatienten lag die Spezifitaet bei 90% (CT), 100% (US) bzw. 70% (GC). Unter Beruecksichtigung von Empfindlichkeit, Spezifitaet und Genauigkeit halten die Verfasser die Szintigraphie (Geraet: Ohio Nuclear Gammakamera) fuer relativ am besten geeignet zum Leberzirrhose-Screening, raeumen aber ein, dass alle drei Methoden Vor- und Nachteile besitzen und in der Aussage der Leberbiopsie unterlegen sind. (D.R. Meek et al., The British Journal of Radiology 57 (1984) 23-27)

Spurenanalytik:

VORSICHT BEI KLEINEN WERTEN

In den "Chemie-Nachrichten Wissenschaft und Technik" wird zur Vorsicht bei kleinen Werten gemahnt, weil die Wissenschaft heute in Spurenbereiche vorgedrungen ist, die sich der Vorstellungskraft weitgehend entziehen. Die Analytik erbringt eine Leistung, die nicht zuletzt der Umweltdiskussion eine ganz neue Dimension eroeffnet hat.

Immer haeufiger werden die Begriffe "ppm", "ppb" und seit einiger Zeit sogar "ppt" verwendet, ohne dass sich die Betreffenden immer ueber die wahre Grössenordnung der mit diesen aus dem Amerikanischen stammenden Kuerzeln bezeichneten "Verunreinigungen" oder ueber die "Qualitaet" solcher Analysedaten im klaren sind.

1 ppm (part per million) ist ein Teil von einer Million Teilen oder ein Milligramm pro Kilogramm.

1ppb (part per billion) ist ein Teil von einer Milliarde Teilen oder ein Mikrogramm pro Kilogramm.

1 ppt (part per trillion) ist ein Teil von einer Billion Teilen oder ein Nano-

gramm pro Kilogramm. Die "Chemie Nachrichten" finden originelle Vergleiche fuer diese Werte. 1 ppm koennte bedeuten: 1 Preusse pro Muenchen; 1 ppb entspraeche 4 Personen unter der heutigen Weltbevoelkerung von 4 Milliarden Menschen; 1 ppt waere die "Verunreinigung" eines 20 km langen Gueterzuges voll Weizen (100 000 Tonnen) durch ein einziges Roggenkorn oder - auf ein Laendermass bezogen - ein "Abschnitt" von 0,4 Millimetern der Strecke Erde-Mond. So sind z.B. alle 92 natuerlichen Elemente seit jeher Bestandteil unserer Umwelt, unserer Nahrung und unseres Koerpers - nur heute kennen wir eben auch die Groessenordnung ihres Vorkommens. Die Schreckensmeldung, dass in irgendeinem Schotter 1000 ppt Cadmium gefunden wurden, verliert ihren Schrecken fuer den, der weiss, dass es sich dabei um 1 Milligramm pro Tonne handelt und dass Cadmium im Mittel mit etwa 300 Milligramm pro Tonne in unserer Erdkruste vorhanden ist. (Chemie-Nachrichten, Verband der Chemischen Industrie, D-6000 Frankfurt/Main, Karlstrasse 21)

Ankündigungen / Announcements

N e u e r   Z e i t s c h r i f t e n t i t e l

JOURNAL OF RADIOANALYTICAL&NUCLEAR CHEMISTRY

Der Titel des von Akademiai Nyomda, Budapest, und Elsevier Sequoia S.A., Lausanne, herausgegebenen "Journal of Radioanalytical Chemistry" wurde entsprechend dem Inhalt der bisher publizierten Arbeiten ab Januar 1984 in "Journal of Radioanalytical and Nuclear Chemistry" geaendert. Gleichzeitig wurde das selbstaendige Erscheinen der Zeitschrift "Radiochemical and Radioanalytical Letters" eingestellt. Der schnelle Veroeffentlichungsdienst wird jedoch im Rahmen der neubenannten Zeitschrift weitergefuehrt. Deshalb werden ab 1984 im "Journal of Radioanalytical and Nuclear chemistry" mit gruenem Deckblatt sog. "Articles" und mit orange/gelbem Deckblatt sog. "Letters" publiziert. Insgesamt werden 1984 vier gruene Baende mit je 2 Heften und drei orange/gelbe Baende mit je 6 Heften herausgegeben. Die Herausgeber glauben, mit dieser Veraenderung die Effektivitaet der Information auf dem angesprochenen Fachgebiet zu verbessern.

Veröffentlichungen / Publications

ENVIRONMENTAL RADIOANALYSIS

H.A. Das, A. Faanhof and H.A. van der Sloot - Studies in Environmental Sciences, 22, Elsevier Scient. Publ. Comp., Amsterdam and New York, 1983, p. 298 - English

This book is the first publication to deal explicitly with environmental radioanalysis, which may be defined as use of radioactivity in analytical chemistry. It presents a systematic survey of the subject. The work has two aims: first is to give a survey of the principles of radioanalysis as they can be usefully applied in practice in analytical chemistry; the second is to provide a survey of the important applications of the technique in the main fields of environmental research. The text should serve the environmental analyst as a guide in the choice of the best analytical options out of the many available.

Contents: 1. Introduction. 2. Principles of NAA and prompt techniques. 3. Principles of radiotracer measurements. 4. Sampling. 5. Preconcentration/decontamination in radioanalysis. 6. Analytical criteria in radioanalysis. 7. Practice of environmental radioanalysis. 8. Radioanalysis of water. 9. The elemental analysis of dry biological material. 10 Silicates, coal and related solids from energy production.

UNITED KINGDOM ATOMIC ENERGY AUTHORITY:

AERE-R 10818
The basis of the traffic fuel performance code. - April 1983, 60 pp. - J.R. Matthews

AERE-R 10895
Radiation-induced segregation in Fe-Cr-Ni alloys. May 1983, 16 pp. - A.D. Marwick et al.

AERE-R 10907
An analysis of grain boundary failure in austenitic stainless steel. May 1983, 19 pp. - K.L. Kear et al.

AERE-R 10935
A facsimile code for calculating void swelling during pulsed irradiation; version VS6. - June 1983, 14 pp. - M.E. Windsor et al.

ND-R-814 (S) (pt.2)
Canswel-2: A computer model of the creep deformation of Zircaloy cladding under loss-of-coolant accident conditions. Part. 2 User notes. March 1983, 40 pp. - T.J. Haste

Veranstaltungskalender – Tagungen – Lehrgänge / Calendar – Meetings – Courses

6th International Symposium: High-Purity Materials in Science and Technology, Dresden, GDR - May 6-10, 1985

Scientific Topics of the Symposium:
- Preparation, Characterization and Application of Well-Defined Materials
- Materials of special interest are
  - High-purity single crystals of high perfection
  - Materials of defined stoichiometry and doping
  - Defined heterogeneous systems
  - Metastable metallic materials
  - Microalloyed steels
  - Coated materials with special physical properties
  - Specialty ceramics

All correspondence should be sent to:
Zentralinstitut fuer Festkoerperphysik und Werkstofforschung
- 6. Internationales Symposium -
DDR - 8027 D r e s d e n , Postfach

Ausgewählte Beiträge / Recently published papers

ATOMNAJA ENERGIJA 56(1984)6 (all in Russian)

-Special issue: XXX Years Nuclear Power-

Obninsk APS - Pioneer of Nuclear Power - A.M. Petrosyants

The Soviet Nuclear Power is at the Present Stage and Its Perspective Growthes - A.P. Aleksandrov

The Inauguration of Nuclear Power - N.A. Dollezhal et al.

Thirty Years of the First Atomic Power Station - L.A. Kochetkov et al.

Present Status and Perspective Growth of VVER Atomic Power Stations - G.A. Shasharin et al.

Present Status and Perspective Growth of RBMK Atomic Power Stations - E.V. Kulikov

Present Status and Perspective Growth of Fast Reactor APS's - O.D. Kazachkovski

Physical Model of the First APS Reactor - M.E. Minashin

APS Radiation Safety - E.I. Vorobyov

Radiation Computed Tomography of Spherical Fuel Elements - E.Yu. Vasilyeva

A Physicochemical Approach to Describing Macroquantity Distribution of Pu(IV) on Extraction by Tributylphosphate from Vitric Acid Solutions and in the Presence of Complexing Agents Applicable to Recovering Fast Reactor Irradiated Fuel - A.S. Solovkin et al.

The Stability of Scintillator Detectors Exposed to Gamma Rays - V.V. Pomerantsev

The Calculation of Electron Bremsstrahlung Yield from Thick Targets - V.I. Isayev et al.

Radiation Stability of Polystyrene Scintillator Detectors - I.B. Gagauz

ANGEW. CHEM. 95(1983)12

Rh-Katalysatoren fuer die enatioselektive Hydrosilylierung - ein neues Konzept zur Entwicklung asymmetrischer Katalysatoren - H. Brunner

Elektronenreiche Halbsandwich-Komplexe - Metall-Basen par excellence - H. Worm

Phosphor-Ylide in der Koordinationssphaere von Uebergangsmetallen: Eine Bestandsaufnahme - H. Schmidbauer

Strukturanalyse an einem CaF_2-Einkristall mit nur 6µm Kantenlaenge: Ein Experiment mit Synchronstrahlung - R. Bachmann u.a.

Diphosphor, :P≡P:, als Achtelektronenligand - H. Lang u.a.

Die Umwandlung von Acetylen von einem Vier- in einen Zweielektronenliganden : Acetylen-(carbonyl)nitrosyl-komplexe von Wolfram - H.G. Alt u.a.

CLINICAL SCIENCE 65(1983)3

Controversies in Medicine: 3-Methylhistidine excretion and the urinary 3-methylhistidine/creatinine ratio are poor indicators of skeletal muscle protein breakdown (Using [methyl-^{14}C] Methionine, [^{14}C] Histidine and L[1-^{13}C] Leuzin as ^{40}K measurements) - M.J. Rennie et al.

Splenic function in sickle-cell diseases (Using ^{99m}Tc-labelled erythrocytes) - M.A. Zago et al.

Increased Solate catabolism in mice with ascitic tumours (Using [^{3}H] folic acid, [^{51}Cr]EDTA and [^{3}H] Hexadecane) - D.A. Kelly et al.

Thermic response to isoenergetic protein, carbohydrate or fat meals in lean and obese subjects (Using ^{13}C-naturally labelled glucose) - N.S. Nair et al.

The combined effects of infection and malnutrition on protein metabilism in children (Using [^{15}N] Glycine) - A.M. Tomkins et al.

CLINICAL SCIENCE 65(1983)4

Peritubular capillaries of the renal cortex in experimental diabetes mellitus in the rat (Using ^{125}I - and ^{131}I - labelled albumin) - G.G. Pinter et al.

Dissociation between calcium and phosphate absorption in nephrotic syndrome (Using ^{45}Ca and ^{32}P) - K. Farrington et al.

Control of skeletal muscle blood flow during postural changes in acute myocardial infarction (Using ^{133}Xe) - K. Skagen et al.

RADIOCHEM RADIOANAL. LETTERS 59(1983)5/6

On the thermal annealing behaviour of S-35 produced in pile-irradiated mixed cristals $AlCl_3$-$FeCl_3$ - V. Dyakovich et al.

Hydration energy and electron structure of lanthanides and actinides - N.B. Mikheev et al.

Radiochemical separation of In(Cd). Tc(Mo), Cu, Zn and As after preconcentration from water - W. Zmijewska et al.

Alpha and gamma induced radiolysis of tributylphosphate - T. Ladrielle et al.

RADIOANALYTICAL CHEM. 79(1983)1-2

The regional distribution of copper and other trace elements in the human brain with special reference to Wilson's disease - M. Oerdoegh et al.

Neutron activation analysis of dry biological materials using mineralization with a saturated $Mg(NO_3)_2$-solution and scavenging by activated carbon - Chue-inta Siripone et al.

Improving the uptake capacity of natural clays by phosphate and heat treatment - E. Hallaba et al.

Study of ion transport processes in soils by radioabsorption method - T. Varro et al.

Trace element content of magnetohydrodynamic coal combustion effluents - M.S. Akanni et al.

The "AURAS" system for computer-aided autoradiogram evaluation - W. Birkholz u.a.

Emanation of radon from fly-ash and gypsum - H.A. Das

A computer program for activation analysis - J. Rantanen et al.

Measurement of radon in air by a alpha-track method; Enhancement of detection sensitivity using a lamp - Y. Maki et al.

Determination of some toxic trace elements in Nigerian river and harbour water samples by neutron activation analysis - Ch.L. Ndiokwere et al.

Nondestructive photon analysis of Am-241 in soils and sediment utilizing self-absorption corrections - I.L. Larsen et al.

BIOLOGIČESKIE NAUKI (1983)9 (all in Russian)

The accessibility of erythrocyte phosphatidylethanolamine for labelling by trinitrobenzenesulphonic acid at different stages of rat's radiation sickness - Fomenko, B.S. et al.

BIOLOGIČESKIE NAUKI (1983)10 (all in Russian)

The mechanisms of Micrococcus radiodurans radioresistance - I.I. Samoilenko

The isotope composition of methane carbon, forming from methanol by thermophilic binar culture - V.S.Lebedev et al.

BIOLOGIČESKIE NAUKI (1983)12 (all in Russian)

Ou the presence in bacterial DNA composition of RNA fragments covalently bounded with it (using [^{14}C]Uracil) - A.I. Korotyaev et al.

THE JOURNAL OF LABORATORY AND CLINICAL MEDICINE 103(1984)2

Sodium ethylmercurithiosalicylate (Merthiolate) inhibition of antigen-antibody interactions in radioimmunoassay systems - M. Mori et al.

OKEANOLOGIJA 23(1983)6

Oxygen and CO_2 exchange between the sea and the atmosphere in the Arctic Seas - Yu.J. Lyakkin et al.

Cs-137 and Sr-90 in bottom sediments of the Baltic Sea in 1980 - S.M. Vakulovsky et al.

J. APPL. POLYM. SCI. 29(1984)1

Permeability of D and He in poly(vinylalcohol) - D.H.W. Carstens et al.

[7] *J. Ruzicka, J. Stary,* „Substoichiometry in Radiochemical Analysis", Pergamon Press, Oxford 1968
[8] *T. Nascutiu,* "Metode Radiochimice de Analiza", Edit. Acad. RSR, Bucuresti 1973
[9] *Al Cecal, N. Calu, P. Harabor,* Bull. Soc. Chim. France **1975**, 1076
[10] *Al Cecal, St. Rosu,* Radiochim. Acta **23** (1976) 20
[11] *Al. Cecal, D. Ciobanu,* Radiochim. Acta **28** (1981) 171
[12] *Al. Cecal,* Isotopenpraxis **17** (1981) 328
[13] *Al. Cecal, D. Ciobanu,* Radiochim. Radioanal. Letters **51** (1982) 9
[14] *Al. Cecal,* Rev. Roumaine Chim. **28** (1983) 91
[15] *Al. Cecal,* Metalurgia (Bucuresti) **35** (1983) 190
[16] *Al. Cecal,* Electrochim. Acta **28** (1983) 661
[17] *Al. Cecal,* Isotopenpraxis **20** (1984) 9
[18] *F. Tödt,* „Korrosion und Korrosionsschutz", W. de Gruyter & Co., Berlin 1961
[19] *H. H. Uhlig,* "Corrosion and Corrosion Control", J. Wiley, New York 1963
[20] *J. C. Scully,* "The Fundamentals of Corrosion", Pergamon Press, Oxford 1966
[21] *J. O'M. Bockris, D. M. Drazic,* "Electrochemical Science", Taylor and Francis Ltd., London 1972
[22] *W. S. Benson,* "The Foundation of Chemical Kinetics", Mc.Graw Hill, New York 1960
[23] *K. Schwabe, K. Wagner, C. Weissmantel,* Z. phys. Chem. (Leipzig) **206** (1957) 308
[24] *K. C. Tripathi, K. Schwabe,* Rev. Chim. (Bucuresti) 7 (1962) 599

Isotopenpraxis **20** (1984) 7, S. 263 bis 269

Neutronenaktivierungsanalytische Spurenelementbestimmung in Halbleiterselen

Teil II: Arbeitsanleitungen und Trennvorschriften

K.-P. Rudolph, J. Flachowsky, A. Lange

(Zentralinstitut für Isotopen- und Strahlenforschung der AdW der DDR)[1])

J. Dubnack

(VEB Gleichrichterwerk Stahnsdorf)[2])

Zur NAA-Bestimmung interessierender Elemente in Halbleiterselen ist nach der Neutronenbestrahlung im Kernreaktor wegen der entstehenden hohen Matrixaktivität (^{75}Se), der Anwesenheit reiner Betastrahler (z. B. ^{204}Tl) oder bei Störungen durch Peaküberlappung bei der Gammaspektrometrie eine chemische Elementtrennung meist unumgänglich. Während im ersten Teil der Arbeit[3]) über allgemeine Probleme der NAA-Spurenelementbestimmung in Halbleiterselen berichtet wurde (Einfangquerschnitte, Störreaktionen u. a.), werden nachfolgend Trennungsgänge zur praktischen Durchführung angegeben.

A chemical separation method is described for the matrix- and interferring element separation by neutron activation analysis of semiconductor selenium. The electric conductivity of high-grade selenium depends on the content and composition of interfering elements (impurities) also in ppm-range and ppb-range. The NAA is a very effective method for the determination of some interesting elements; but the instrumental NAA is not applicable in cases since the high activity of the matrix element (radioactive selenium isotopes), causes interference in the gammaspectrum (overlapping). Therefore it is neccesary after neutron irradiation to use a radiochemical separation procedure by an inactive carrier technique. Some special chemical separation methods are described.

Keywords

chemical analysis; interfering elements; neutron activation analyzers; selenium; semiconductor material; trace amounts

4. Praktische Durchführung, Trennvorschriften

Alle Trennvorschriften wurden sowohl mit der Radiotracermethode als auch mit konventionellen analytischen Methoden durchgearbeitet und getestet. Außerdem liegen den Trennvorschriften Erfahrungen zugrunde, die bei der Aufarbeitung von Selenprobenmaterial unterschiedlicher Herkunft gesammelt wurden.

4.1. *Probenvorbereitung und Aktivierungsbedingungen*

Die Selenproben bestanden aus kugelförmigem Material ∅ = 1 – 3 mm (sog. Rotulis) und wurden wie folgt einheitlich vorbehandelt, neutronenaktiviert und aufgearbeitet:

- Reinigung der Kieselglasampullen, Auskochen in konz. Salpetersäure, dest. und bidest. Wasser, anschließend im Luftstrom bei 100 °C trocknen;
- Einwaage von etwa 0,3 der Selenprobe in eine gereinigte Kieselglasampulle. Um Störungen durch Neutronenflußdepressionen weitgehend auszuschließen, wurde ein solcher Ampullendurchmesser gewählt, bei dem die Selenrotulis perlenschnurartig übereinander angeordnet waren. Danach erfolgte das Zuschmelzen der Ampullen einschließlich der zugehörigen Elementestandards und Versand zur Aktivierung.
- Neutronenaktivierung im Reaktor des ZfK Dresden-Rossendorf unter folgenden Bedingungen:
  Neutronenfluß Φ = etwa 10^{13} n/cm²;
  120 h Langzeitaktivierung, 72 h Pause, 24 h Nachaktivierung für kurzlebige Nuklide

Anschriften: [1]) DDR-7050 Leipzig, Permoserstr. 15; [2]) DDR-1533 Stahnsdorf, Ruhlsdorfer Weg
[3]) Isotopenpraxis **19** (1983) 225

– Etwa 3 Stunden nach Aktivierungsende wurden die Kapseln nebst Ampullen geöffnet und die aktivierten Selenkugeln zwecks Beseitigung möglicher Oberflächenkontaminationen 15 min mit 4 N Salpetersäure behandelt und mit dest. und bidest. Wasser nachgespült. Die genaue Probeneinwaage (100%-Wert) wurde nach dem Trocknen vorgenommen. Alle Manipulationen mit Aktivmaterial erfolgten unter Einhaltung entsprechender Strahlenschutzbestimmungen.

4.2. *Matrixabtrennung, Vorbemerkungen zur chemischen Aufarbeitung*

In etwa 10 ml halbkonz. Salpetersäure wurden die Selenrotulis unter Zugabe der inaktiven Trägerlösungen (Elementgehalte etwa 5–40 mg je nach Analysenvorschrift [22]) aufgelöst und die Lösung unter dem IR-Strahler bis fast zur Trockene eingedampft. Anschließend erfolgte das Aufnehmen des festen Rückstands in etwa 20–25 ml 8 N Salpetersäure. Danach schloß sich die Matrixabtrennung durch dreimalige Fällung als elementares Selen mit Hydrazinsulfat an, wobei der 2. und 3. Fällung zwecks quantitativer Se-75 Abtrennung inaktiver Se-Träger (100 mg je Lösung) zugegeben wurde. Die einzelnen Schritte sind in der nachfolgenden Tab. 4 dargestellt.

4.3. *Ag-Tl-Trennung* (Tab. 5)

^{204}Tl ist ein reiner β^--Strahler. Daher muß bei der Tl-Bestimmung zur radiometrischen Messung das ^{204}Tl radiochemisch rein durch Fällung und Extraktion mit nachfolgender Feinreinigung abgetrennt werden. Als Störelemente sind bei der Tl-Bestimmung vor allem ^{110m}Ag (ebenfalls β-aktiv und chemisch dem Tl ähnlich) sowie mitgeschlepptes ^{75}Se anzusehen. Eventuell noch vorhandenes ^{75}Se (Prüfung durch Gammaspektrometrie) muß durch wiederholte Se-Fällung nach Trägerzugabe entfernt werden. Zur Ag/Tl-Trennung wird die Redoxreaktion Tl^+/Tl^{3+} ausgenutzt. Die Reinheitskontrolle der abgetrennten und feingereinigten TlJ-Probe erfolgt durch Gammamessung. Falls die TlJ-Probe schwach γ-aktiv ist, muß die gemessene β-Zählrate gegebenenfalls korrigiert werden, um die reine ^{204}Tl-β-Zählrate zu erhalten. Die Korrektur erfolgt über die Messung des β/γ-Verhältnisses des Störelements.

Ausbeutebestimmungen:

Tl: gravimetrisch als TlJ oder nach Extraktion mit Essigsäureamylester photometrisch mit Kristallviolett [22, 23]

Ag: gravimetrisch als AgJ [22]

4.4. *As-Bestimmung* (Tab. 6)

Die zur As-Bestimmung benutzte Reaktion $^{75}As(n, \gamma)^{76}As$ wird, wie schon bemerkt (siehe Teil I), durch die mit schnellen Neutronen ablaufende (n,p)-Reaktion gestört. Aus Strahlenschutzgründen mußte auf die Cd-Arbeitstechnik (Bestrahlung mit Cd-Hülle) wegen der entstehenden hohen Cd-Aktivität bei der Routineanalytik verzichtet werden. Für As-Gehalte >1 ppm ist es möglich, mit kadmiumfreier Bestrahlungstechnik zu arbeiten, wobei zur Korrektur der (n,p)-Störreaktion Standardselen mit definiertem As-Gehalt mitbestrahlt wurde (sog. Monitor für As-Störung). In einer Reihe von Vorversuchen wurde der Einfluß von Bestrahlungszeit, Bestrahlungsposition, Reaktorregime, Kanalbeladung u. a. auf die Größe der Störreaktion untersucht und bestimmt. Die As-Abtrennung von der Matrix nebst Feinreinigung kann sowohl durch Destillation von $AsCl_3$ als auch durch As_2S_3-Fällung durchgeführt werden. Im vorliegenden Fall wurde fast ausschließlich letztere Arbeitstechnik eingesetzt.

Ausbeutebestimmung: Nach der Fällung als $MgNH_4AsO_4$ erfolgte die komplexometrische Magnesiumbestimmung (0,1 M ÄDTA bei *p*H 10) durch Rücktitration mit $MgCl_2$-Maßlösung gegen Erio T [24].

Tab. 4. Matrixabtrennung

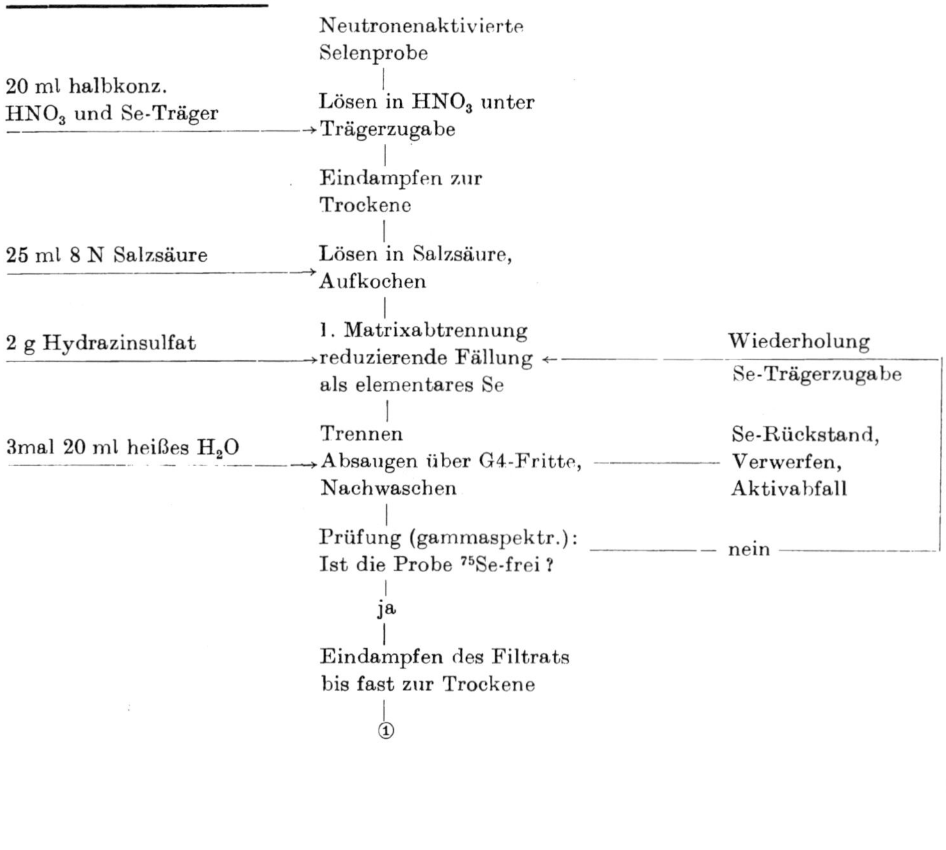

Tab. 5. Ag/Tl-Trennung

①

Eingedampftes Filtrat in HNO_3 aufnehmen und erwärmen

Abkühlen, AgCl fällt aus, über G4-Fritte absaugen, nachwaschen

AgCl-Rückstand

25 ml warme KCN-Lsg. →	Lösen als Cyanidkomplex auf der Fritte
Warmes H_2O →	Absaugen, Nachwaschen
5 ml 20%ige HNO_3 →	Ansäuern, Verkochen des Cyanids
15 ml 0,1 N KJ-Lsg. →	Fällung als AgJ
Waschlsg. nach Vorschrift →	Absaugen, Hahnsche Fritte mit Papierfilter, Filtrat verworfen
	Radiometrische ^{110m}Ag Messung
	Ausbeutebestimmung

Filtrat

25 ml 0,1 N KJ-Lsg. →	Erwärmen auf 90° TlJ-Fällung
Waschlsg. nach Vorschrift →	G4-Fritte, Absaugen, Nachwaschen
3 g $KClO_3$, 10 ml 6 N HCl →	TlJ auf der Fritte durch Oxydation mit $HCl/KClO_3$ gelöst
20 ml HCl →	Absaugen, Nachwaschen
Zweimal je 35 ml Dip-Äther, 5 min Rühren →	Zweimalige Extraktion mit Diisopropyläther
5 min absetzen →	Phasentrennung, H_2O-Phase verworfen
5mal je 10 ml 0,4 N Natronlauge →	Organische Phase: fällende Reextraktion des $Tl(OH)_3$
5 min absetzen →	Phasentrennung, organische Phase verworfen
10 ml 5 N HCl →	Wäßrige Phase: Lösen des $Tl(OH)_3$ unter Erwärmen
5 g Hydrazinsulfat 25+ml KJ-Lösung →	Reduktion zum Tl^+, Fällung als TlJ
Waschlsg. nach Vorschrift →	Absaugen, Papierfilter, Nachwaschen
	Radiometrische Tl-204 β-Messung
	Ausbeutebestimmung

4.5. Cd-Bestimmung (Tab. 7)

Die Cd-Feinreinigung erfolgt nach der CdS-Fällung und dem Auflösen des Niederschlags in Salzsäure durch Elution über eine Anionenaustauschersäule Wofatit SBW 200 in Cl^--Form. Zur Auswertung durch Gammaspektrometrie wurde die 335-keV-Linie des ^{115}Cd-Tochternuclids ^{115m}In wegen der 5mal höheren Empfindlichkeit herangezogen.

Da es beim Einsatz von metallischem Cd erhebliche Selbstabschirmungsprobleme wegen des hohen Einfangquerschnitts $\Phi = 2{,}4 \cdot 10^4$ barn gibt, wurde als Standard gefriergetrocknetes $Cd(NO_3)_2$ verwendet (Einwaage im µg-Bereich).

Ausbeutebestimmung: Komplexometrische Titration gegen Eriochromschwarz T bei *p*H 10 [24].

Tab. 6. As-Trennung und Feinreinigung

Zugabe	Arbeitsschritt (ausgehend von ①)	Kontrolle
100 ml HCl 1:1 →	Salzsaures Filtrat, Erwärmen bis zum Sieden	
H_2S oder Thioacetamid →	Fällung als As_2S_3, während der Fällung mit H_2O verdünnen	← nein
	Abkühlen, absetzen lassen	
H_2S-haltiges H_2O →	Absaugen über G4-Fritte, nachwaschen	Prüfung des Filtrats: Ist die Fällung vollständig?
	As_2S_3-Rückstand	ja
10 ml NH_4OH, 3 ml H_2O_2 →	As_2S_3 auf der Firrte lösen	Filtrat verwerfen
50 ml heißes H_2O →	Absaugen, Nachwaschen	
	H_2O_2 verkochen	
5 ml HCl-conc. →	Abkühlen, ansäuern	
10 ml Magnesiamixtur →	Zugabe der Fällungsreagenz	← nein
NH_4OH-conc. →	Fällung als $MgAsO_4$ mit Ammoniak als bis Phenolphthaleinumschlag	
	5 h absetzen lassen	
Waschlösung, NH_4OH-verd. mit 2% NH_4NO_3 →	Absaugen über PVC-Nutsche, Papierfilter, nachwaschen	Prüfung des Filtrats: Ist die Fällung vollständig?
5 ml 2 N Salzsäure →	Lösen in Salzsäure	ja
20 ml H_2O →	Nachspülen	Filtrat verwerfen
	Auffüllen in Plastmeßbecher 100 ml	
	Gammaspektrometrische Messung	
	Ausbeutebestimmung	

Bemerkung: Die gammaspektrometrische Messung erfolgte erst 24 h nach der Fällung wegen der radiochemischen Gleichgewichtseinstellung $^{115}Cd-^{115m}In$.

4.6. *Ga-Sb-Trennung* (Tab. 8, 9, 10)

Die Ga-Sb-Trennung erfolgte extraktiv aus 7−8 N salzsaurer Lösung durch Di-isopropyläther, wobei Ga^{3+} in die Ätherphase übergeht und Sb in der wäßrigen Phase verbleibt. Die Ga-Reextraktion erfolgte durch 0,4 N NaOH, wobei braunes $Ga(OH)_3$ in der wäßrigen Phase ausfällt.

Ausbeutebestimmungen: Die Ausbeutebestimmungen erfolgten in beiden Fällen durch Oxinatfällung und nachfolgender Titration des Oxins mit Bromid/Bromat nach Vorschrift [22]. Eine weitere Möglichkeit besteht in der jodometrischen Sb- und Ga-Titration [22].

5. Abschließende Bemerkungen zur NAA-Spurenanalyse von Hableiterselen

Beim ^{24}Na, ^{42}K, ^{60}Co ist eine simultane gammaspektrometrische Elementbestimmung in der matrixfreien Lösung einfach und störungsfrei möglich. Relativ problemlos ist die Bestimmung von ^{198}Au (Störung nur durch größeren ^{75}Se-Anteil), ^{65}Zn (Störung durch größere ^{59}Fe-Mengen) und ^{59}Fe(Störung durch ^{65}Zn).

„Problemelemente" sind besonders ^{204}Tl, ^{72}Ga, ^{76}As, ^{115}Cd, ^{64}Cu, insbesondere deren Bestimmung nahe der Nachweisgrenze.

Schwierigkeiten können weiterhin auftreten bei folgenden Nukliden:

Tab. 7. Cd-Trennung und Feinreinigung

①

5 ml konz. H_2SO_4 → Aufnehmen in konz. H_2SO_4, erhitzen, bis weiße Nebel entsehen.

100 ml H_2O → Abkühlen und vorsichtig mit Wasser verdünnen

H_2S oder Thioacetamid → Fällung als CdS, dabei mit heißem Wasser auf das doppelte Volumen verdünnen

1 h absetzen lassen

50 ml H_2O → Über G4-Fritte absaugen und nachwaschen

Prüfung des Filtrats: Ist die H_2S-Fällung vollständig? — nein → (zurück zur Fällung als CdS)

ja

40 ml 4 N HCl heiß → Rückstand auf der Fritte in Salzsäure lösen, nachwaschen

H_2S verkochen, abkühlen

Salzsaure Lösung auf Ionenaustauschersäule geben SBW 200 in Cl^--Form

100 ml 0,5 N HCl → Waschen mit Salzsäure — Waschlösung verwerfen

100 ml Pufferlsg. *p*H 10 → Cd^{2+}-Elution bei *p*H 10

2 N HCl → Ansäuern gegen Methylrot

H_2S oder Thioacetamid → CdS-Fällung in der Siedehitze, mit heißem Wasser auf das doppelte Volumen verdünnen

1 h absetzen lassen

Absaugen über Hahnsche Fritte, Papierfilter

5 ml H_2O heiß → Nachwaschen

Trocknen

Radiometrische Messung → Ausbeutebestimmung

Tab. 8. Extraktive Ga/Sb-Trennung

①

25 ml 8 N HCl → Salzsaure Analysenlösung

Gammaspektrometrische Prüfung: Enthält die Analysenlösung ^{76}As? — ja — Extraktive Feinreinigung mit Benzol
- Wäßrige Phase Phase → Benzol verkochen → (zurück zu: 2 × 5 min intensiv rühren)
- Organische Phase verwerfen, ^{76}As in Benzol

nein

2 mal 25 ml Di-isopropyläther → Extraktive Ga/Sb-Trennung mit Di-isopropyläther, 2 × 5 min intensiv rühren

Phasentrennung 2 min
- Wäßrige Phase Sb-haltig → ②
- Vereinigte Ätherphasen Ga-haltig → ③

Tab. 9. Sb-Trennung und Feinreinigung

②

Sb-haltige wäßrige Phase

10 min Erhitzen auf Siedetemperatur, Restäther verkochen

Prüfung:
Ist die Lösung trübe durch org. Reste? —ja→ Absaugen über G4-Fritte → (zurück zur Sb_2S_3-Fällung)

nein

H_2S oder Thioacetamid → Sb_2S_3-Fällung dabei mit heißem Wasser auf das doppelte Volumen verdünnen

Absaugen G4-Fritte — Filtrat durch H_2S-Einleitung prüfen (H_2S)
→ Bildet sich wieder Sb_2S_3-Niederschlag? —ja→ zurück zu Absaugen G4-Fritte
→ nein → Filtrat verwerfen

Sb_2S_3-Rückstand

20 ml HCl-konz. → Auflösen in Salzsäure

dest. H_2O → Absaugen, nachspülen

Filtrat: H_2S verkochen

dest. H_2O → Abkühlen, in Meßbecher aus Plast auffüllen

Gammaspektrometrische ^{124}Sb-Messung

Ausbeutebestimmung

Tab. 10. Ga-Trennung und Feinreinigung

③

Ga-Ätherphase

20 ml 0,4 N NaOH → Reextraktion aus Äther
5 min intensiv rühren, 2 min Phasentrennung

1. Fraktion
wäßrige Phase

Fraktion Ätherphase → 2. Reextraktion mit Natronlauge
→ 2. Fraktion wäßrige Phase (→ Wäßrige Phasen vereinigt)
→ Fraktion Ätherphase verworfen

Wäßrige Phasen vereinigt

10 ml HCl-konz. → Auflösen des $Ga(OH)_3$ durch Ansäuern

Prüfung:
Ist die Lösung trüb durch organische Reste? —ja→ Absaugen über G4-Fritte → (zurück zu Erwärmen auf etwa 80° und Reagenzzusatz)

nein

Oxinacetatlsg. nach Vorschrift → Erwärmen auf etwa 80° und Reagenzzusatz

Tropfenweise NH_4OH bis *p*H 10 → Ga-oxinatfällung

1 h im Wasserband

Absaugen, *Hahn*sche Fritte, Papierfilter

3mal 20 ml heißes Wasser, 10 ml 7 N HCl → Nachwaschen

Niederschlag auflösen

Im Plastmeßbecher auffüllen

Gammaspektrometrische ^{72}Ga-Messung

Ausbeutebestimmung

- ^{59}Fe, durch den kleinen Neutroneneinfangquerschnitt ($\Phi = 1{,}23$ barn) ist die Aktivierungsausbeute gering;
- ^{64}Cu ist ein Positronen-Strahler. Zur Auswertung muß die wenig spezifische 511-keV-Gammalinie herangezogen werden. Deshalb ist geegbenenfalls eine chemische Abtrennung durch CuS-Fällung, Auflösen in Salzsäure (Bromzusatz), Verkochen und extraktive Feinreinigung als Diäthyldithiocarbamatkomplex in Äther notwendig [25].
- Nicht sauber abgetrenntes ^{75}Se stört die Bestimmung fast aller Spurenelemente, insbesondere den Nachweis geringer ^{198}Au-Mengen (niederenergetische ^{75}Se-Linien überlagern ^{198}Au-Linien); ggf. Wiederholung der Fällung mit Hydrazinsulfat unter Zugabe von inaktivem Se-Träger.
- Brom, welches aus technologischen Gründen im Selen oft als Dotierungskomponente vorhanden ist, bildet bei der Neutronenaktivierung in erheblichem Umfang ^{82}Br, das durch seine Linienvielzahl im Gammaspektrum erhebliche Störungen verursacht. Besondere Schwierigkeiten bereitet dabei die ^{72}Ga-Messung. Eine Unterscheidung durch unterschiedliche Halbwertszeiten ist nicht möglich, da $T_{1/2}$ von ^{82}Br größer als von ^{72}Ga ist. Zur Bromidabtrennung war eine chloridfreie Arbeitstechnik mit AgBr-Fällung unter Bromid-Trägerzugabe sehr erfolgreich. Allerdings muß eine mögliche Mitfällung anderer Spurenelemente durch den AgBr-Niederschlag bedacht und es muß überlegt werden, ob sich der erhöhte Arbeitsaufwand im gegebenen Fall auch lohnt.

Eingegangen am 20. 7. 1983

Literatur

[22] *G. O. Müller*, Praktikum der quantitativen chem. Analyse. Leipzig: S. Hirzel Verlag 1952

[23] *J. Fries*, Spurenanalyse – erprobte Methoden. Darmstadt: E. Merck 1972

[24] *R. Pribil*, Komplexometrie, Bd. II. Leipzig: VEB Deutscher Verlag für Grundstoffindustrie 1962

[25] *O. G. Koch, G. A. Koch-Dedic*, Handbuch der Spurenanalyse, Berlin/Göttingen/Heidelberg: Springer-Verlag 1964, S. 495

Isotopenpraxis 20 (1984) 7, S. 260 bis 271

Ausbeutebestimmung in der Neutronenaktivierungsanalyse durch Röntgenfluoreszenz*)

A. Rämmler, M. Geisler, H. Schelhorn

(Zentralinstitut für Isotopen- und Strahlenforschung der AdW der DDR, Leipzig)[1])

Die Ausbeutebestimmung in der Neutronenaktivierungsanalyse nach radiochemischer Trennung ist für die Röntgenfluoreszenzanalyse ein relativ einfaches Problem, wenn die Konzentration des zugesetzten inaktiven Trägers ausreichend hoch gewählt werden kann. Es wird eine Anordnung, bestehend aus einer ^{241}Am Anregungsquelle und einem HPGe-Planardetektor, beschrieben, die auf ihre Eignung zur Ausbeutebestimmung getestet wurde. Diese Anordnung eignet sich zur Bestimmung von Elementen mit Ordnungszahlen zwischen 30 und 60.

Yield determination in NAA after radiochemical separation is a relatively simple problem in X-ray fluorescence analysis if the concentration of the added non-radioactive carrier can be chosen sufficiently high. A device containing an ^{241}Am excitation source and a HP Ge planar detector is decsribed. It has been tested for its performance to yield determination. It is applicable for elements with atomic numbers between 30 and 60.

Keywords

americium 241; neutron activation analysis; X-ray fluorescence analysis

Einleitung

In der Neutronenaktivierungsanalyse wird die von der Empfindlichkeit her erreichbare Nachweisgrenze erst dann voll ausgeschöpft, wenn der Nachweis der Analysenlinie im Gammaspektrum nicht durch Linien benachbarter Energie oder durch *Compton* kontinua höherenergetischer Linien beeinträchtigt wird. In dieser Hinsicht störende Nuklide müssen durch radiochemische Trennung beseitigt werden.

Die bei der radiochemischen Trennung geübte Technik des Zusatzes inaktiven Trägers erleichtert die Handhabung der aktivierten Spurengehalte der Probe und gestattet die Anwendung von Trennmethoden, die keine 100%ige Ausbeute des zu bestimmenden Elementes ergeben. Allerdings muß die Ausbeute dann bestimmt und berücksichtigt werden.

Zur Ausbeutebestimmung werden chemisch-analytische Verfahren der verschiedensten Art wie z.B. Gravimetrie, Spektralphotometrie oder Komplexometrie eingesetzt [1, 2]. *Norton* [3] führt in seiner Zusammenstellung von Ausbeutebestimmungen auch röntgenanalytische Methoden an. In Laboratorien mit direktem Zugriff zu einem Kernreaktor besitzt die Nachaktivierung große Bedeutung. Eine der einfachsten und zuverlässigsten Methoden der Ausbeutebestimmung dürfte die Markierung des zu analysierenden Elements mit einem isotopen radioaktiven Tracer sein, der in der Probe durch (n,γ)-Aktivierung nicht oder nur in geringem Maße entsteht. Leider ist die Anzahl der zur Markierung geeigneten Radioisotope auch unter Einbeziehung von Nukliden mittlerer Halbwertszeit [4] begrenzt.

*) Posterbeitrag, vorgelegt auf der 3. Tagung „Nukleare Analysenverfahren", 11.–15. 4. 1983 in Dresden

[1]) Anschrift: 7050 Leipzig, Permoserstr. 15

In Aktivierungsanalyselabors stehen heute häufig auch im Bereich der charakteristischen Röntgenstrahlung empfindliche Detektoren zur Verfügung. Typisch hierfür sind planare Reinst-Ge-Detektoren mit Be-Eintrittsfenster, die die Detektion elektromagnetischer Strahlung von wenigen keV bis zu einigen hundert keV (je nach Detektordicke) ermöglichen. Es liegt nahe, mit einer Radionuklidanregungsquelle und einem solchen Detektor eine Anordnung zur Bestimmung des inaktiven Trägergehalts der aktivierungsanalytischen Meßprobe durch Röntgenfluoreszenzanalyse aufzubauen, zumal die aktivierungsanalytische Meßprobe nach der radiochemischen Trennung und bei relativ hohem Trägergehalt ohne benachbarte Elemente für die Röntgenfluoreszenzanalyse ein sehr einfaches Problem darstellt.

Hier soll über den Aufbau und die Testung einer solchen Anordnung berichtet werden.

Experimentelles und Ergebnisse

Voraussetzung war ein Reinst-Ge-Planardetektor mit 25 mm Durchmesser und 10 mm Höhe (ORTEC) mit einem horizontalen Be-Eintrittsfenster des Kryostaten von 0,25 mm Dicke. Sein energetisches Auflösungsvermögen ist gekennzeichnet durch Halbwertsbreiten von 0,34 keV für die Kα-Linie des Mangans und von 0,6 keV für die 122-keV-Linie des ^{57}Co. Als Anregungsquelle stand eine in Edelstahl konfektionierte ^{241}Am-Quelle (59,6 keV) mit einer Aktivität von $1{,}7 \cdot 10^9$ Bq (45 mCi) zur Verfügung, die zur Abschirmung der Anregungsstrahlung gegenüber dem Detektor in 3 mm Blei gefaßt wurde. Mit diesen Quellen- und Detektorabmessungen ist keine Zentralgeometrie möglich, so daß die Quelle schräg neben dem Detektor in einer Plexiglasgrundplatte mit einer Öffnung gleich dem Detektordurchmesser gehaltert wurde. Das Meßgefäß für flüssige Proben befindet sich zentral über dem Detektor. Es besteht aus einem Plexiglaszylinder, der an der Unterseite durch eine 12-μm-Mylarfolie, die von einem Perlonring gehalten wird, abgeschlossen ist. Zur Reduzierung der Streustrahlung, die auf ihrer niederenergetischen Seite die Nachweisgrenze der Meßlinien beeinflußt, wurde als Material für alle Halterungen nur Plexiglas verwendet. Den Aufbau der Anordnung zeigt Abb. 1. Die Intensität der Streustrahlung der leeren Küvette (plus Halterung) beträgt ca. 25% der mit Wasser bis zur Streustrahlungssättigung gefüllten Küvette. Das entspricht einer küvetten- und halterungsfrei gedachten Wasserfüllung von 1,6 ml. Mit einer Cd-Lösung wurde das Verhältnis Cd-K-Peak zu Streupeak als Funktion der Füllhöhe gemessen, das bei 5 ml Füllvolumen Sättigungsverhalten zeigt. Deshalb wurden die weiteren Untersuchungen mit diesem Volumen durchgeführt.

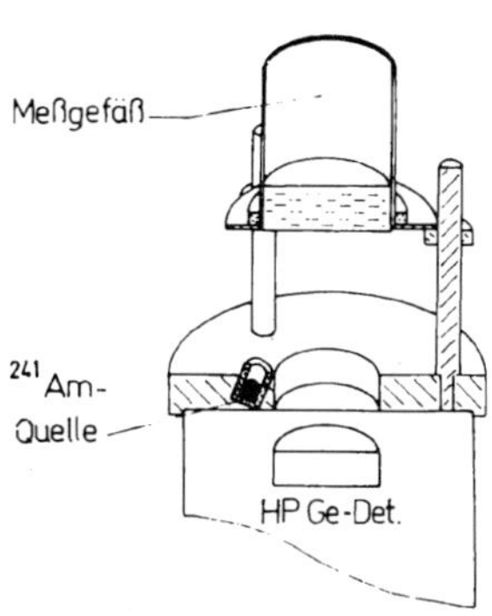

Abb. 1. Anordnung zur Röntgenfluoreszenzanalyse flüssiger Proben

Für 8 Elemente mit Ordnungszahlen zwischen 30 und 57 (Zn, Se, Sr, Mo, Cd, Sb, J und La) wurden Eichkurven aufgenommen. Ein Spektrum aus der Cd-Reihe und die Eichkurve für Cd zeigen die Abb. 2 und 3. Die Peakflächenbestimmung erfolgte jeweils für die K_α-Linie nach der Totalpeakmethode. Die Auswertung der Eichkurven ergab die in Tab. 1 zusammengestellten Empfindlichkeiten.

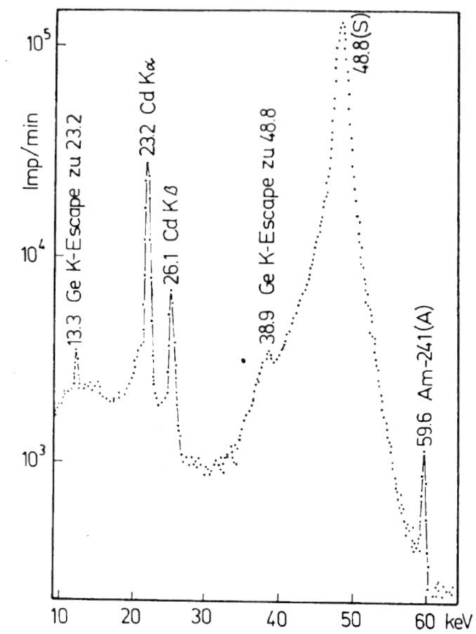

Abb. 2. Spektrum bei der Messung von Cd

A – elastisch gestreute Anregungsstrahlung; S – inelastisch gestreute Anregungsstrahlung

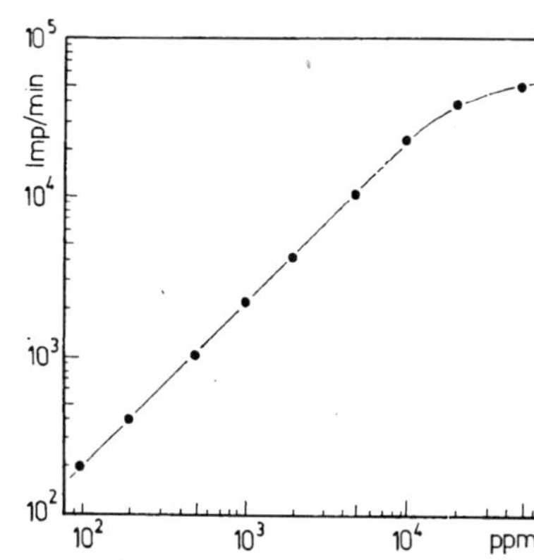

Abb. 3. Eichkurve der Cd-Bestimmung

Die Reproduzierbarkeit der Messungen ist im wesentlichen durch die Zählstatistik gegeben. Durch Wiederholungsmessungen bei höheren Konzentrationen wurde der nicht aus der Zählstatistik herrührende Anteil der relativen Standardabweichung zu 0,3% ermittelt. Damit wird die Nachweisgrenze des Trägerlements in einer wäßrigen Probelösung vor allem durch die Zählstatistik der auf dem Streustrahlungsuntergrund aufsitzenden Kα-Linie bestimmt. Auf der Basis des 3σ-Kriteriums wurde aus der Messung einer Probe destillierten Wassers für die untersuchten Elemente unter Zugrundelegung einer Meßdauer von 10 min und der Empfindlichkeiten aus Tab. 1 die Nachweisgrenze ermittelt (Abb. 4).

Tab. 1. Nachweisempfindlichkeiten an der K_α-Linie für 5-ml-Proben

Z	El.	Imp./min · ppm
30	Zn	0,08
34	Se	0,3
38	Sr	0,7
42	Mo	1,1
48	Cd	2,0
51	Sb	2,9
53	J	3,8
57	La	5,5

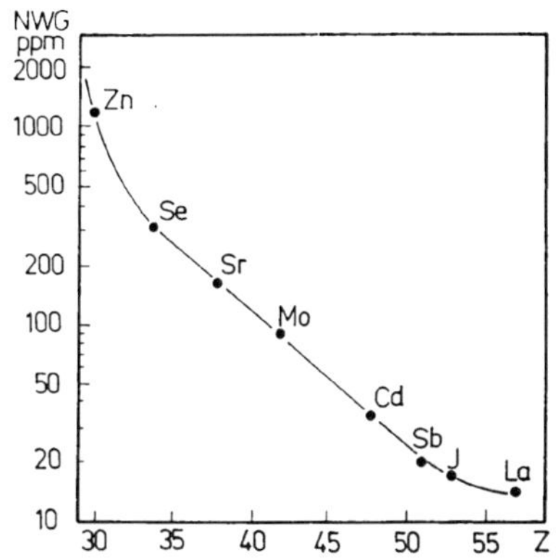

Abb. 4. Nachweisgrenze für 10 min Meßdauer

Die Eichkurven verlaufen bis herab zu Kernladungszahlen von 38 (Sr) linear für Konzentrationen von 0 bis mindestens 1%. Für kleinere Kernladungszahlen ist mit Unlinearitäten durch Selbstabsorption der Fluoreszenzstrahlung in der Probe auch für kleinere Konzentrationen zu rechnen.

Zur Prüfung der Möglichkeiten der Messung von Festproben wurde eine Eichkurve durch Eindampfen von Cd-Lösung auf Filterpapier und Halterung dieser Proben in der Höhe des Bodens der entfernten Küvette gemessen. Die Empfindlichkeit, bezogen auf den absoluten Cd-Gehalt (in mg), lag in derselben Größenordnung wie für flüssige 5-ml-Proben. Aus dem kleineren Streuuntergrund resultieren jedoch geringere Nachweisgrenzen.

Diskussion

Aus dem Dargelegten ergibt sich, daß die Röntgenfluoreszenzanalyse prinzipiell die Möglichkeiten der Ausbeutebestimmung bietet. Die Meßmethodik wird relativ einfach, wenn Gehalte im linaren Teil der Eichkurven verwendet werden. Die einzusetzende Trägermenge wird von der Nachweisgrenze bzw. der gewünschten Genauigkeit der Ausbeutebestimmung und dem nach der radiochemischen Trennung anfallenden Probenvolumen bestimmt. Um beim Beispiel des Cd zu bleiben, wären für die Messung von 50% Ausbeute mit 2% relativer Standardabweichung bei einer Meßzeit von 10 min und einer Probenmenge von 10 ml, von denen nur 5 ml zur Messung verwendet würden, etwa 12 mg Trägersubstanz zur Probe nötig. Die Festlegung der Trägermenge auf einen bestimmten Konzentrationsbereich schränkt die Anwendungsmöglichkeiten hinsichtlich mancher radiochemischen Trennverfahren ein. Die notwendige Trägermenge ist geringer, wenn die Meßprobe nach der radiochemischen Trennung als feste Probe vorliegt, z.B. als Niederschlag auf Filterpapier, während das Auftragen und Eindampfen von Aliquoten aus flüssigen Proben i. allg. keine Vorteile bringt.

Wichtig für die Anwendung des Verfahrens auf flüssige Proben ist, daß Proben und Ausbeutestandards im gleichen Lösungsmittel vorliegen, da die Intensität der Röntgenfluoreszenzstrahlung sehr stark von der Dichte und der chemischen Zusammensetzung der Matrix abhängt.

Was die radioaktive Strahlung aus der Probe selbst anbelangt, so kann sie natürlich die Messung der zur Ausbeutebestimmung angeregten charakteristischen Röntgenstrahlung stören, insbesondere wenn das zur Aktivierungsanalyse benutzte Nuklid selbst Röntgenstrahlung emittiert. Meist wird eine radiochemische Trennung aber nur dann angewandt, wenn der Gehalt und damit die Aktivität der zu bestimmenden Komponente gering ist. Außerdem befindet sich die Probe in einigen cm Abstand vom Detektor. Der Anteil der Eigenstrahlung der Probe läßt sich leicht durch Entfernen der Anregungsquelle kontrollieren und ggf. korrigieren. Bei Nukliden mit Halbwertszeiten bis zu wenigen Tagen kann die Ausbeutebestimmung u. U. auch nach ihrem Abklingen ausgeführt werden.

Die in dieser Arbeit benutzte Anregungsquelle ^{241}Am eignet sich im wesentlichen für die Elemente der 5. Periode. Der Anwendungsbereich wird nach niedrigen Ordnungszahlen begrenzt durch die mit zunehmendem Abstand von K-Kante und Anregungsenergie abnehmende Empfindlichkeit bzw. steigende Nachweisgrenze (Tab. 1 und Abb. 4) und nach höheren Kernladungszahlen durch die Störung durch den Streustrahlungspeak. Für Elemente mit niedrigerer Ordnungszahl könnten ^{109}Cd (22 keV) oder ^{238}Pu (12–17 keV) verwendet werden, während Elemente mit höherer Ordnungszahl ebenfalls mit diesen Quellen über ihre L-Strahlung gemessen werden könnten.

Insgesamt läßt sich einschätzen, daß die Ausbeutebestimmung durch Röntgenfluoreszenzanregung mit Radionuklidquelle als eine Ergänzung der zahlreichen Ausbeutebestimmungsverfahren angesehen werden kann und deren Einsatz im konkreten Fall jeweils gegen die möglichen Konkurrenzverfahren und unter Berücksichtigung der speziellen Voraussetzungen des Labors geprüft werden sollte.

Eingegangen am 1. 7. 1983

Literatur

[1] *D. De Soete, R. Gijbels, J. Hoste,* Neutron Activation Analysis, Wiley – Interscience 1972

[2] *G. Pfrepper, W. Görner, S. Niese,* Spurenelementbestimmung durch Neutronenaktivierung. Leipzig: Akad. Verlagsgesellschaft 1981

[3] *E. F. Norton,* NAS-NS 3111, zitiert in [1]

[4] *H. Schelhorn, M. Geisler,* Zum Einsatz von Radiotracern zur Ausbeutebestimmung in der Neutronenaktivierungsanalyse, Vortrag auf 3. Tagung Nukleare Analysenverfahren, Dresden 1983

Isotopenpraxis **20** (1984), 7 S. 272 – 278

Многоэлементный Гамма-активационный анализ с помошью микротрона

А. Эрнандес, Ю. С. Замятнин

(Объединённый институт ядерных исследований, Лубна, СССР)[1])

Было использован микротрон для многоэлементного ГАА таких уникальных образцов как кернов из буровой сверхглубокой скважины (глубина >7 км), на Кольском полуострове, РСФСР, и метеоритов. В исследования включены также и другие интересные объекты, например, железомарганцевые конкреции, железистые латеритовые руды и эталоны почв. Проведено изучение различных конкурирующих реакций, которые могут интерферировать с главными аналитическими реакциями. Результаты исследования возможных интерферирующих реакций учтены при проведении анализов. Комбинируя которкое ($t_{обл}$ = 10 мин) и длительное ($t_{обл}$ = 3 ч) облучения, было определено содержание 20—30 элементов в образцах.

A mikrotron is applied to multielement PAA of unique samples like cores of bore holes >7 km from the peniusula Kola, meteorites, iron-manganese-concregations, lateritic ores, and soil standards. Combining short (10 min) and long (3 h) irradiations between 20 and 30 elements are determined. Interferring nuclear reactions are studied in detail.

Keywords

calibration standards; interfering elements; irradiation devices; meteorites; multi-element analysis; ore composition; photon activation analysis

Введение

Ядерно-физические методы инструментального анализа веществ получили большое распространение при изучении химического состава уникальных образцов, которые желательно сохранить для последующих исследований [1]. Наиболее широко используется в этих целях нейтронно-активацицонный метод анализа с помощью ядерных реакторов [1—5], позволяющий осуществлять одновременное определение содержания значительного числа элементов с больщой чувствительностью и при небольших навесках образцов. Однако в этом методе предел определения важных в геохимическом отношении элементов, таких как никель, стронций, цирконий, рубидий, свинец и другие, довольно высок [3—4, 6]. С этой точки зрения представляется перспективным применение гамма-активационного метода анализа с использованием в качестве активирующего излучения тормозного излучения электронов, ускоренных, например, на линейном ускорителе или микротроне [7—11].

Гамма-активационный анализ часто служит дополнением к нейтронно-активационному анализу и успешно конкурирует с другими методами анализа [8—14].

В настоящей работе исследовалась возможность применения микротрона для многоэлементного гамма-активационного анализа (ГАА) эталонов геологических пород и почв, железистых латеритовых руд, железомарганцевых конкреций, метеоритов и кернов из сверхглубокой скважины (глубина ≧ 7 км). Проведено исследование различных конкурирующих реакций, которые могут интерферировать с аналитическими реакциями. Результаты этих исследований учтены при проведении анализов.

[1]) Адрес: Head Post Office, P. O. Box 79, 101000 Moscow, USSR

В целях оптимизации ГАА на микротроне МТ-22 ОИЯИ исследовались аксиальное и угловое распределения пучка γ-квантов с целью выбора наиболее целесообразной геометрии облучения образцов. Кроме того, исследовалась возможность использования фотонейтронов микротрона для определения содержания Al, V, Mn, и Na — элементов, которые образуют удобные для анализа короткоживущие радиоизотопы в (n, γ)-реакциях.

Экперимент

Приготовление образцов и стандартов

Образцы стандартов, железистых латеритовых руд, железомарганцевых конкреций, кернов и метеоритов использовались в виде порошка, железных метеоритов в виде стружки. Их вес составлял 0,8 г (каменные метеориты), 0,4 г (железные метеориты) и 5,7 г для остальных образцов. Вес стандартов был выбран в соответствии с весами активируюмых образцов. В качестве эталонов сравнения использовались стандартные образцы СТ-IА (трапп), СМБ (магнезиальный базальт), СП-3 (почва) и метеорит Алленде. Пробы упаковывались в цилиндрические кассеты из оргстекла 10 × 5 мм (метеориты) и 35 × 5 мм (остальные образцы).

Выбор оптимальной геометрии облучения образцов

В гамма-активационном анализе, при облучении проб и образцов сравнения, необходимо учитывать особенности углового и аксиального распределений тормозных γ-квантов. В работе [15] нами исследована зависимость ширины углового распределения тормозного излучения от порога регистрации тормозных квантов. Показано, что ширина углового распределения тормозного излучения растет с уменьшением порога фотонейтфонной реакции, используемой для регистрации тормозных квантов. На основе полученных угловых распределений установлено, что диаметр образца, равной 35 мм, можно считать близким к оптимальному при проведении гамма-активационного анализа. В работах [11, 15] нами исследован вопрос о выборе высоты проб при одновременном облучении N образцов цилиндрической формы, расположенных вдоль оси пучка γ-квантов (см. рис 1). При этом, в частном случае $N = 1$ из измерении активности изотопа ^{231}Th с энергией $E_\gamma = 84{,}17$ кэВ на Ge детекторе, оптимальная толщина пробы равняется 20 мм [15]. Если же $N = 10$, активность, наведенная в наиболее отдаленном от мишени образце, оказывается оптимальной, при толщине образцов, равной 4 мм [11]. Уменьшение величины оптимальной тольщины проб с увеличением их числа связано с убыванием интенсивности тормозного излучения с расстоянием.

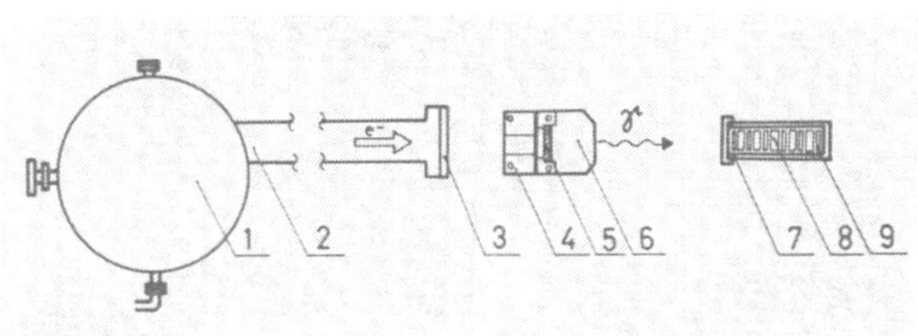

Рис. 1. Схема облучения образцов γ-квантами микротрона

1 — микротрон; 2 — выводной патрубок пучка электронов: 3 — выпускное окно (из Al-фольги); 4 — узел тормозной мишени; 5 — тормозная мишень (из W); 6 — поглотитель электронов (из Al); 7 — полиэтиленовый пенал для образцов; 8 — образцы; 9 — монитор потока γ-квантов (из Cu)

Аппаратура

При коротких облучениях ($\sim$10 мин) пробы транспортировались с помощью пневмопочты (время трансортировки от места облучения $\sim$4 сек), а при длительных ($\sim$ 4ч) одновременно облучались 5—10 проб. Облучение проводилось γ-квантами или фотонейтронами микротрона МТ-22 ЛЯР ОИЯИ с энергией ускоренных электронов около 20,5 МэВ при среднем токе 15 мкА по схеме, представленной на рис. 1. Поток γ-квантов и нейтронов мониторировался с помощью медных и марганцевых мониторов [11].

Для измерения спектров γ-излучения радиоизотопов облученных образцов применялся комплекс из двух полупроводниковых детекторов. Причем спектры в энергетической области 20—200 кэВ измерялись с помощью детектора из чистого германия объемом 2,1 см³ с разрешением 0,5 кэВ на линии $K_\alpha Bi$ с энергией 77,1 кэВ, а спектры в области 100—2500 кэВ измерялись на Ge(Li)-детекторе с чувствительным объемом 28 см³ и разрешением 3,5 кэВ на γ-линии ^{137}Cs с энергией 662 кэВ. Для регистрации и обработки информации применялся 4096-канальный анализатор LP-4900 фирмы „Nokia“.

Нейтронный и гамма-активационный анализ

Содержание Al, V, Mn (по ^{56}Mn) и Na (по ^{24}Na) определялось по активности продуктов радиационного захвата нейтронов после облучения образцов и эталонов тепловыми нейтронами микротрона. Содержание Mn (по $^{54}Mн$), Na (по ^{22}Na(и других элементов (см. табл. 1) определялось по активности радиоизотопов, образованных в фотоядерных реакциях под действием тормозного излучения микротрона.

Учет вклада конкурирующих реакций

При взаимодействии высокоэнергичных γ-квантов с ядрами мишени протекает большое число ядерных реакций [16—20], которые приводят к интерференциями различного рода:

1) Конкурирующие ядерные реакции,
   a) фотоядерные

   $^{123}Sb(\gamma, n)^{122}Sb$, $\quad$ $^{123}Te(\gamma, p)^{122}Sb$

   $^{48}Ti(\gamma, p)^{47}Sc$, $\quad$ $^{51}V(\gamma, \alpha)^{47}Sc$

   б) фотоядерные реакции, конкурирующие с реакциями, протекающими на быстрых или тепловых нейтронах

   $^{25}Mg(\gamma, p)^{24}Na$, $\quad$ $^{27}Al(n, \alpha)^{24}Na$

   $^{23}Na(n, \gamma)^{24}Na$

2) Наложение фотопиков разных изотопов, у которых энергии γ-линии близки

   $^{154}Sm(\gamma, n)^{153}Sm$; $E_\gamma = 103{,}18$ кэВ; $T_{1/2} = 46{,}8$ час

   $^{181}Ta(\gamma, n)^{180}Ta$; $E_\gamma = 103{,}40$ кэВ; $T_{1/2} = 8{,}15$ час.

3) Интерферирующий вклад дочернего радионуклида

   $^{48}Ti(\gamma, p)^{47}Sc$, $\quad$ $^{48}Ca(\gamma, n)^{47}Ca \xrightarrow{\beta^-} {}^{47}Sc$

В работе [20] предлагается метод количественного учета вклада интерферирующих реакций при максимальной энергии тормозных γ-квантов $E_{макс} = 30$ МэВ. Нами аналогичное исследование осуществлено при $E_{макс} = 20{,}5$ МэВ.

Полученные данные приведены в табл. 1. Интерферирующий эффект выражен в табл. 1 величной P, определяемой отношением веса мешающего элемента к весу анализируемого элемента при достижении равенства активности их изотопов к концу облучения. Корректирующие факторы B_1, B_0, приведенные в табл. 1, вычислены аналогично работе [20]. Если из интерферирующего радиоизотопа имеется вторая линия, удобная для оценки вклада в аналитическую линию, то площадь фотопика анализируемого изотопа вычисляется по формуле

$$\tilde{S}_n(E_{\gamma_1}) = S_n(E_{\gamma_1}) - B_0 S_{n,\,реп}(E_{\gamma_2}) \qquad (1)$$

где

$\tilde{S}_n$ — площадь фотопика с учетом интерферирующего вклада,

S_n — площадь фотопика без учета вклада,

$S_{n,\,реп}$ — площадь фотопика реперной линии,

B_0 — корректирующий фактор, вычисленный по формуле

$$B_0 = \frac{\left(\Theta(E_{\gamma_1}) \cdot \eta(E_{\gamma_1})\right)_{инт}}{\left(\Theta(E_{\gamma_2}) \cdot \eta(E_{\gamma_2})\right)_{реп}} \qquad (2)$$

где Θ, η обозначают квантовый выход на 100 распадов и абсолютную эффективность детектора для фотопика данной энергии.

Везде индексы инт и реп обозначают характеристики интерферирующей и реперной линии соответственно. Если у интерферирующего радионуклида нет второй γ-линии, удобной для вычислений вклада или есть интерференция видов 1,3, то в этом случае нужно вы-

Табл. 1. Ядерные реакции, протекающие в исследуемых образцах, облученных γ-квантами микротрона и возможные интерфер ирующие ядерные реакции (а)

Элемент	Аналитическая реакция, $T_{1/2}$	Аналитическая линия, Eγ, кэВ	Интерферирующая реакция $T_{1/2}$	Eγ, кэВ	P	Реперная реакция или изотоп, T_1i_2	Eγ, кэВ	Корректирующие факторы
1	2	3	4	5	6	7	8	9
Na	^{23}Na(γ, n) ^{22}Na, 2,6 г	1274,54	^{30}Si(γ, n) ^{29}Al, 6,6 мин	1273,00	$1,1 \cdot 10^{-1}$	—, (б)	—	—
			^{169}Tm(γ, n) ^{168}Tm, 93,1 дн	1277,40	$1,43 \cdot 10^{-1}$	^{168}Tm	198,25	B_0 $2,78 \cdot 10^{-3}$
Mg	^{25}Mg(γ, p) ^{24}Na, 15 час	1368,55	^{23}Na(n, γ) ^{24}Na	1368,55	$1,2 \cdot 10^{2}$	^{23}Na(γ, n) ^{22}Na, 2,6 г	1274,54	B_1 $7,3 \cdot 10^{5}$
			^{27}Al(n, α) ^{24}Na	1368,55	$5,0 \cdot 10^{2}$	(в)	—	—
Si	^{29}Si(γ, p) ^{28}Al, 2,24 мин	1778,80	^{27}Al(n, γ)^{28}Al	1778,80	$3,5 \cdot 10^{1}$	(в)	—	—
	^{30}Si(γ, p) ^{29}Al, 6,6 мин	1273,00	^{23}Na(γ, n) ^{22}Na, 2,6 г	1274,54	$3,0 \cdot 10^{2}$	(г)	—	—
			^{169}Tm(γ, n) ^{168}Tm, 93,1дн	1277,40	$4,3 \cdot 10^{1}$	^{168}Tm	198,25	B_0 $2,78 \cdot 10^{-3}$
Cl	^{35}Cl(γ, n) ^{34m}Cl, 32,06 мин	145,70	^{142}Nd(γ, n) ^{141}Nd, 2,6 час	145,40	5,8	^{150}Nd(γ, n) ^{149}Nd, 1,73 час	114,32	B_1 $5,2 \cdot 10^{-2}$
			^{142}Ce(γ, n) ^{141}Ce, 32,50 дн	145,45	$2,9 \cdot 10^{1}$	^{140}Ce(γ, n) ^{139}Ce,137,63 д	165,85	B_1 $2,2 \cdot 10^{-2}$
K	^{39}K(γ, n) ^{38}K, 7,71 мин	2168,0	нет	—	—	—	—	—
Ca	^{48}Ca(γ, n) ^{47}Ca, 4,55 дн.	1297,1	нет	—	—	—	—	—
Ca	^{44}Ca(γ, p) ^{43}K, 22,6 час	373,0	^{54}Fe(γ, n) ^{53}Fe, 8,53 мин	377,90	$1,14 \cdot 10^{-2}$	(б)	—	—
			^{132}Ba(γ, n) ^{131}Ba, 11,8 дн	373,15	$3,1 \cdot 10^{-1}$(д)	^{131}Ba	496,23	B_0 $4,65 \cdot 10^{-1}$
			^{130}Ba(γ, p) ^{129}Cs, 32,06 час	371,90		^{129}Cs	411,30	B_0 1,65
			^{200}Hg(γ, n) ^{199m}Hg 42,6 мин	374,10		(б)		
Sc	^{45}Sc(γ, n) ^{44}Sc, 3,92 час	1156,90	нет					
	^{45}Sc(γ, n) ^{44}Sc, 2,44 дн.	271,30	^{134}Ba(γ, n) ^{133m_1}Ba, 38,9 час	275,60	4,90 (д)	^{132}Ba(γ, n) ^{131}Ba, 11,8 дн	496,23	B_1 $4,44 \cdot 10^{-1}$
			^{136}Ba(γ, n) ^{135m}Ba, 28,7 час	268,24		^{132}Ba(γ, n) ^{131}Ba, 11,8 дн	496,23	B_1 1,16
Ti	^{48}Ti(γ, p) ^{47}Sc, 3,40 дн.	159,40	^{48}Ca(γ, n) ^{47}Ca $\xrightarrow[\beta^-]{}$ ^{47}Sc	159,40	$3,26 \cdot 10^{2}$(е)	(б), (г)		
			^{51}V(γ, α) ^{47}Sc	159,40	$1,25 \cdot 10^{2}$	(г)		
			^{124}Sn(γ, n) ^{123m}Sn, 42,0 мин	159,70	$2,21 \cdot 10^{-3}$	^{112}Sn(γ, p) ^{111}In, 2,8 дн	171,29	B_1 $6,1 \cdot 10^{-2}$
			^{124}Te(γ, n) ^{123m}Te, 119,7 дн	159,0	$5,5 \cdot 10^{2}$			
	^{49}Ti(γ, p) ^{48}Sc, 43,8	983,30	нет					
Cr	^{50}Cr(γ, n) ^{49}Cr, 41,4	90,65	^{68}Zn(γ, p) ^{67}Cu, 61,88 час	91,26	$5,88 \cdot 10^{2}$	^{67}Cu	184,53	B_0 $4,6 \cdot 10^{-1}$
			^{121}Sb(γ, n) ^{120m}Sb, 5,76 дн	89,80	8,2	^{129m}Sb	197,30	B_0 3,48
			^{148}Nd(γ, n) ^{147}Nd, 10,98 дн	91,10	≧10	^{150}Nd(γ, n) ^{149}Nd, 1,73 час	114,32	B_1 $3,3 \cdot 10^{1}$
			^{153}Eu(γ, n) ^{152m_2}Eu, 96 мин	89,50	$3,6 \cdot 10^{-1}$	^{153}Eu(γ, n) ^{152m_1}Eu, 9,3 час	121,78	B_1 $4,5 \cdot 10^{-2}$
			^{165}Ho(γ, n) ^{164}Ho, 29,0 мин	91,40	$6,0 \cdot 10^{-3}$	^{164}Ho	73,40	B_0 1,56
			^{232}Th(γ, n) ^{231}Th, 25,5 час	89,94	1,0	^{231}Th	84,17	B_0 $1,44 \cdot 10^{-1}$
		152,90	^{112}Cd(γ, n) ^{111m}Cd, 49,1 мин	150,6	$5,8 \cdot 10^{-1}$	^{111m}Cd	245,35	B_0 $8,2 \cdot 10^{-1}$
	^{52}Cr(γ, n) ^{51}Cr, 27,73 дн	320,07	^{106}Cd(γ, p) ^{105}Ag, 41,29 да	319,16	$4 \cdot 10^{3}$	^{105}Ag	344,52;	B_0 $1,17 \cdot 10^{-1}$
							644,55	B_0 $9,5 \cdot 10^{-1}$
			^{130}Ba(γ, p) ^{129}Cs, 32,06 час	317,90	$2 \cdot 10^{1}$	^{129}Cs	411,30	B_0 $1,6 \cdot 10^{-1}$
Mn	^{55}Mn(γ, n) ^{54}Mn, 312,3 дн	834,81	^{73}Ge(γ, p) ^{72}Ga, 14,1 ц	833,95	1,9	(б), ^{72}Ga	629,90	B_0 2,89
Fe	^{54}Fe(γ, n) ^{53}Fe, 8,53 мин	377,90	нет					
	^{57}Fe(γ, p) ^{56}Mn, 2,58 час	846,64	^{55}Mn(n, γ) ^{56}Mn	846,64	2,8	^{55}Mn(γ, n) ^{54}Mn, 312,3 дн	824,81	B_1 $1,83 \cdot 10^{-7}$

Co	^{59}Co(γ, n) ^{58}Co, 70,78 дн	810,75	^{48}Ca(γ, n) ^{47}Ca, 4,55 дн	807,90	$5{,}5 \cdot 10^{2}$	^{47}Ca	1297,10	B_0 $1{,}6 \cdot 10^{-1}$
			^{107}Ag(γ, n) ^{106}Ag, 8,41 дн	807,90	$1{,}6 \cdot 10^{1}$	^{106m}Ag	717,10	B_0 $1{,}6 \cdot 10^{-1}$
			^{97}Mo(γ, p) ^{96}Nb, 23,35 час	810,25	$4 \cdot 10^{1}$	^{96}Nb	1091,31	B_0 $3{,}6 \cdot 10^{-1}$
				812,40				
Ni	^{58}Ni(γ, n) ^{57}Ni, 36,16 час	127,10	нет					
As	^{75}As(γ, n) ^{74}Ss, 17,78 дн	595,70	^{44}Ca(γ, p) ^{43}K, 22,6 час	592,50		(б), ^{43}K	617,20	B_0 $1{,}35 \cdot 10^{-1}$
Rb	^{85}Rb(γ, n) ^{84m}Rb, 20,5 мин	216,10	^{132}Ba(γ, n) ^{131}Ba, 11,8 дн	216,01	$2{,}6 \cdot 10^{3}$ (д)	^{131}Ba	496,23	B_0 1,6
			^{130}Ba(γ, n) ^{129}Ba, 2,13 час	214,30		^{129m}Ba	420,20	B_0 4,8
		248,20	^{112}Cd(γ, n) ^{111m}Cd, 49,10 мин	245,35	2,8	^{111m}Cd	150,60	B_0 1,22
			^{130}Te(γ, n) ^{129}Te, 69,6 мин	250,65	$7{,}28 \cdot 10^{1}$	^{129}Te	459,60	B_0 $1{,}04 \cdot 10^{-1}$
			^{238}U(γ, n) $^{237} \to {}^{135}$Xe	249,80	$1{,}5 \cdot 10^{1}$	(ж)		
	^{85}Rb(γ, n) ^{84}Rb, 32,77 дн	881,5	^{127}I(γ, n) ^{126}I, 12,93 дн	879,70	$1{,}5 \cdot 10^{1}$	^{126}I	388,60	B_0 $7{,}8 \cdot 10^{-3}$
			^{161}Dy(γ, p) ^{160}Tb, 72,3 дн	879,37	$9{,}67 \cdot 10^{2}$	^{160}Tb	298,57	B_0 $2{,}55 \cdot 10^{-1}$
Sr	^{88}Sr(γ, n) ^{87m}Sr, 2,805 час	388,30	^{127}I(γ, n) ^{126}I, 12,93 дн	388,60	$2{,}5 \cdot 10^{1}$	^{126}I	666,40	B_1 2,09
Y	^{89}Y(γ, n) ^{88}Y, 106,60 дн	898,04	^{58}Ni(γ, n) ^{57}Ni, 36,16 час	897,57 (пик вылета)	$3{,}5 \cdot 10^{1}$	(б)		
Zr	^{90}Zr(γ, n) ^{89m}Zr, 4,18 мин	587,60	^{26}Mg(γ, p) ^{25}Na, 1 мин	585,06	$1.3 \cdot 10^{4}$	(б)		
	^{90}Zr(γ, n) ^{89}Zr, 78,43 час	909,10	нет					
Nb	^{93}Nb(γ, n) ^{92m}Nb, 10,13 дн	934,00	нет					
Sn	^{124}Sn(γ, n) ^{123}Sn, 42,0 мин	159,70	^{48}Ti(γ, p) ^{47}Sc, 3,40 дн	159,40	$4{,}63 \cdot 10^{2}$	^{49}Ti(γ, p) ^{48}Sc, 43,8 ч	175,3	B_1 $1{,}2 \cdot 10^{-2}$
			^{51}V(γ, α) ^{47}Sc, 3,40 дн	159,40	$5{,}7 \cdot 10^{4}$	(г)		
			^{48}Ca(γ, n) ^{47}Ca $\xrightarrow{\beta^-}$ ^{47}Sc	159,40	$1{,}5 \cdot 10^{5}$	(г)		
	^{118}Sn(γ, n) ^{117m}Sn, 14,0 дн	158,60	^{200}Hg(γ, n) ^{199m}Hg, 42,6 мин	158,37	5	(б)		
	^{112}Sn(γ, p) ^{111}In, 2,802 дн	171,29	нет					
Sb	^{123}Sb(γ, n) ^{122}Sb, 2,714 дн	564,00	^{123}Te(γ, p) ^{122}Sb	564,00	$\geqq 10^{3}$			
I	^{127}I(γ, n) ^{126}I, 12,93 дн	388,60	^{88}Sr(γ, n) ^{87m}Sr, 2,805 час	388,30	$4{,}0 \cdot 10^{-2}$	^{86}Sr(γ, n) ^{85}Sr, 67,7 м. (б)	231,20	B_1 8,05
Cs	^{133}Cs(γ, n) ^{132}Cs, 6,475 дн	667,50	^{127}I(γ, n) ^{126}I, 12,93 дн	666,40	5,4	^{126}I	388,60	B_0 $4{,}78 \cdot 10^{-1}$
			^{136}Ce(γ, n) ^{135}Ce, 17,76 час	664,40	$2{,}3 \cdot 10^{3}$	^{135}Ce	265,33	B_0 $2{,}7 \cdot 10^{-2}$
Ba	^{138}Ba(γ, n) ^{137m}Ba, 2,55 мин	661,64	^{81}Br(γ, n) ^{80}Br, 17,4 мин	666,30	$7{,}6 \cdot 10^{1}$	^{80}Br	616,9; 639,4	B_0 $1 \cdot 10^{-1}$; B_0 4,8
			^{136}Ce(γ, n) ^{135}Ce, 17,76 час	664,40	$2{,}3 \cdot 10^{3}$	^{135}Ce	265,33	B_0 $2{,}7 \cdot 10^{-2}$
			^{127}I(γ, n) ^{126}I, 12,93 дн	666,40	$3{,}14 \cdot 10^{2}$	^{126}I	388,60	B_0 $4{,}78 \cdot 10^{-1}$
Ta	^{181}Ta(γ, n) ^{180}Ta, 8,10 час	K_{β_1}Hf = 63,2	^{179}Hf(γ, p) ^{178}Lu, 28,4 мин	K_{β_1}Hf	$6{,}8 \cdot 10^{2}$ (д)	(б)		
			^{176}Hf(γ, n) ^{175}Hf, 70,0 дн	K_{β_2}Lu = 62,9		^{175}Hf	343,4	B_0 $4{,}1 \cdot 10^{-1}$
			^{170}Yb(γ, n) ^{169}Yb, 30,70 дн	63,12	$5{,}5 \cdot 10^{2}$	^{169}Yb	177,22	B_0 6,70
			^{232}Th(γ, n) ^{231}Th, 25,52 час	63,70	$5{,}0 \cdot 10^{2}$	^{231}Th	81,17	B_0 $7{,}85 \cdot 10^{-3}$
		93,33	^{68}Zn(γ, p) ^{67}Cu, 61,88 час	93,25	$8{,}7 \cdot 10^{2}$	^{67}Cu	184,53	B_0 1,20
			^{108}Cd(γ, n) ^{107}Cd, 6,49 час	93,08	$1{,}45 \cdot 10^{2}$	^{112}Cd(γ, n) ^{111m}Cd, 49,1 мин	150,6	B_1 3,87
			^{148}Nd(γ, n) ^{147}Nd, 10,98	91,10	$2{,}25 \cdot 10^{1}$	^{150}Nd(γ, n) ^{149}Nd, 1,73 час	114,32	B_1 $3{,}13 \cdot 10^{2}$
			^{165}Ho(γ, n) ^{164}Ho	91,40	1,5	^{164}Ho,(б)	73,40	B_0 1,57
Ce	^{140}Ce(γ, n) ^{139}Ce, 137,63 дн	165,85	^{238}U(γ, n) ^{237}U, 6,75 дн	164,59	2,75	^{237}U	59,536; 208,00	B_0 $1{,}89 \cdot 10^{-2}$; $1{,}63 \cdot 10^{-1}$
	^{142}Ce(γ, n) ^{141}Ce, 32,50 дн	145,45	нет ($t_{выд} \geqq 20$ час)					

Табл. 1 (продолжение)

Элемент	Аналитическая реакция, $T_{1/2}$	Аналитическая линия, Eγ, кэВ	Интерферирующая реакция, $T_{1/2}$	Eγ, кэВ	P	Реперная реакция или изотоп, $T_{1/2}$	Eγ, кэВ	Корректирующие факторы
1	2	3	4	4	6	7	8	9
Nd	^{150}Nd(γ, n) ^{149}Nd, 1,73 час	114,32	^{238}U(γ, n) ^{237}U, 6,75 дн	K_{β_1}Np = 113,94	7,6	^{237}U	59,536; K_{α_1}Np =101,07; 208,00	B_0 1,63 · 10^{-1} 3,05 · 10^{-1}; 1,30
	^{148}Nd(γ, n) ^{147}Nd,10,98 дн	91,10	^{68}Zn(γ, p) ^{67}Cu, 61,88 час	91,26	3,9 · 10^{1}	^{67}Cu	93,30; 184,53	B_0 4,46 · 10^{-1}; 4,6 · 10^{-1}
			^{181}Ta(γ, n) ^{180m}Ta, 8,10 час	93,33	4,45 · 10^{-2}	(б)		
Sm	^{154}Sm(γ, n) ^{153}Sm, 46,44 час	103,18	^{181}Ta(γ, n)^{180m}Ta, 8,10 час	103,00	3,45	(б)		
			^{232}Th(γ, n) ^{231}Th, 25,52	102,90	9,6	^{231}Th	84,17	B_0 5,45 · 10^{-2}
Pb	^{204}Pb(γ, n) ^{203}Pb, 52,10 час	$K\alpha_1$ Tl = 72,87	^{232}Th(γ, n) ^{231}Th, 25,52 час	72,66	6,5 · 10^{-1}	^{231}Th cm. [14]	84,17	B_0 4,3 · 10^{-2}
Th	^{232}Th(γ, n) ^{231}Th, 25,52 час	84,17	^{204}Hg(γ, n) ^{230}Hg, 46,76 дн	K_{β_2}Tl = 84,9	1,3 · 10^{1}	^{198}Hg(γ, n) ^{197}Hg, 23,8час	133,94	B_1 1,28 · 10^{1}
			^{204}Pb(γ, n) ^{203}Pb, 52,1 час	K_{β_2}Tl = 84,9	3,94 · 10^{2}	см. [14]		
U	^{238}U(γ, n) ^{237}U, 6,75 дн	59,536	^{175}Lu(γ, n) ^{174}Lu, 3,31 г	K_{β_1}Yb = 59,30	3,0 · 10^{2} (д)	^{174}Lu	K_{α_1}Yb = 51,35	B_0 5,77 · 10^{-1}
			^{175}Lu(γ, n) ^{174m}Lu, 142 дн	K_{β_1}Yb		^{174m}Lu	K_{α_1}Yb	B_0 5,77 · 10^{-1}
			^{185}Re(γ, n) ^{184m}Re, 165,0 дн	K_{α_1}W = 59,32	4,3 · 10^{-1} (з)	(з), см [13]	K_{β_1}W = 67,20	B_0 3,2
			^{185}Re(γ, n) ^{184}Re, 38,0 дн	K_{α_1}W				
			^{187}Re(γ, n) ^{186}Re, 90,64 час	K_{α_1}W				

а) Данные о ядерно-физических характеристиках радиоизотопов взяты из работы [21]. Все линии с энергией $E < 214$ кэВ измерялись Ge детектором, а с $E \leq 214$ кэВ Ge(Li) – ППД.
б) Целесообразно избавиться от влияния интерферирующего изотопа, выбирая удобное время выдержки образцов.
в) Нет удобной реперной реакции для проведения оценки влияния мешающего радионуклида.
г) Можно использовать метод вычитания площадей фотопиков при двух последующих измерениях.
д) учтен суммарный вклад данной реакции и непосредственно следующей реакции в таблице.
е) При $t_{выд}$ = 2,5 час
ж) осколки деления
з) с учетом трех реакций, протекающих на изотопах рения.

Табл. 2. Предел определения химических элементов в образцах различного вида (а).

Элемент	Порог чувствительности, % (б)			
	Страндарты, керны	Железистые латеритовые руды	Метеориты	Железо-марганцевые конкреции
1	2	3	4	5
Na	0,07 (0,04)	0,1 (0,05)	0,1 (0,07)	0,1 (0,07)
Mg	0,08	0,1	0,2	0,2
Al	(0,04)	(0,04)	(0,06)	(0,08)
Si	0,15	0,2	0,3	0,3
Cl	15 г/т	20 г/т	30 г/т	—
K	0,01	0,015	0,02	0,02
Ca	0,1	0,2	0,3	0,3
Sc	1,5 г/т	3 г/т	4 г/т	3 г/т
Ti	0,005	0,008	0,01	0,01
V	(20 г/т)	(20 г/т)	(20 г/т)	(40 г/т)
Cr	0,007	0,01	0,01	—
Mn	0,01 (30 г/т)	0,02 (50 г/т)	0,03 (50 г/т)	0,04 (70 г/т)
Fe	0,1	0,3	0,3	0,5
Co	30 г/т	30 г/т	30 г/т	50 г/т
Ni	5 г/т	20 г/т	40 г/т	30 г/т
Rb	5 г/т	—	—	—
Sr	0,7 г/т	1 г/т	1 г/т	2 г/т
Y	10 г/т	—	—	—
Zr	3 г/т	5 г/т	5 г/т	7 г/т
Nb	3 г/т	—	—	5 г/т
Cs	0,3 г/т	0,5 г/т	—	—
Ba	15 г/т	25 г/т	—	30 г/т
Ta	0,07 г/т	—	—	—
Ce	0,6 г/т	1 г/т	1 г/т	2 г/т
Nd	1 г/т	5 г/т	—	—
Sm	0,5 г/т	2 г/т	—	2 г/т
Pb	3 г/т	5 г/т	5 г/т	8 г/т
Th	0,07 г/т	0,2 г/т	—	0,2 г/т
U	0,07 г/т	0,2 г/т	—	0,1 г/т

а) Гамма-активационный, в скобках — нейтронно-активационный метод анализа;

б) пороги рассчитывались по критерию $3\sqrt{S_\Phi}$, где S_Φ — значение фона в области аналитического фотопика.
г/т ≙ ppm

брать другую реакцию, протекающую на том же интерферирующем элементе, например аналитическая редакция $^{48}Ti(\gamma, p)\,^{47}Sc$, $E_\gamma = 159{,}4$ кэВ интерферирующая реакция $^{124}Sn\,(\gamma, n)\,^{123m}Sn$, $E_\gamma = 159{,}70$ кэВ реперная реакция $^{112}Sn\,(\gamma, p)\,In$, $E_\gamma = 171{,}29$ кэВ. При этом, вычисление площади аналитического фотопика с учетом вклада интерферирующей линии проводится с помощью формул

$$S_{n,\text{инт}}(E, x, y, z) = S_{n,\text{реп}}(E^{\text{реп}}_{\gamma_2}, y, x, z) \times B_1(E^{\text{инт}}_{\gamma_1} E^{\text{реп}}_{\gamma_2}, a, b, c) \times \frac{e^{-x\lambda_{\text{инт}}}(1 - e^{-y\lambda_{\text{инт}}}) \cdot (1 - e^{-z\lambda_{\text{инт}}})}{e^{-x\lambda_{\text{реп}}}(1 - e^{-y\lambda_{\text{реп}}}) \cdot (1 - e^{-z\lambda_{\text{реп}}})} \quad (3)$$

$$B_1(E^{\text{инт}}_{\gamma_1}, E^{\text{реп}}_{\gamma_2}, a, b, c) = \frac{S_{n,\text{инт}}(E^{\text{инт}}_{\gamma_1}\, a, b, c)}{S_{n,\text{реп}}(E^{\text{реп}}_{\gamma_2}, a, b, c)} \times \frac{e^{-a\lambda_{\text{реп}}}(1 - e^{-b\lambda_{\text{реп}}})\,(1 - e^{-c\lambda_{\text{реп}}})}{e^{-a\lambda_{\text{инт}}}(1 - e^{-b\lambda_{\text{инт}}})\,(1 - e^{-c\lambda_{\text{инт}}})} \quad (4)$$

где a, b, c — соответственно время выдержки, облучения и измерения, при которых вычислялись значения B_1, приведенные в табл. 1.

x, y, z — время выдержки, облучения, измерения при конкретном опыте.

При сравнении вычисленных значений B_0, B_1 с экспериментальными данными, расхождения обычно не превышали 3%. Учет вкладов интерферирующих реакций по вышеизложенному методу проводился в тех случаях, когда невозможно или невыгодно было избавиться от интерферирующего влияния определенного изотопа путем выдержки образцов перед измерением [17], а также во всех случаях типа 1,3 (см. выше).

Результаты и их обсуждение

На основании проведенных нами исследований установлены некоторые оптимальные условия осуществления инструментального гамма-активационного анализа, рассчитан предел определения элементов. Данные представлены в табл. 2. Из нее видно, что при применении фотонейтронов и тормозных γ-квантов микротрона возможно определить содержания 20—30 элементов с пределом обнаружения от $n \cdot 10^{-6}$ % (Ta, U, Th) до $n \cdot 10^{-1}$% (Fe, Ca, Mg). Заметим, что наилучшая чувствительность плучается при анализе сверхглубинных кернов, стандартов геологических образцов и почв. Среднее место с этой точки зрения занимают железистые латеритовые руды и наименьшая чувствительность получается при анализе метеоритов и железо-марганцевых конкреций. Указанное отличие связано с разным содержанием Ni, Fe, Co и Mn в образцах, так как на этих элементах под действием γ-квантов образуются долгоживущие радиоизотопы, что приводит к возрастанию комптоновского фона. Так, при больших содержаниях Ni, гамма-излучение изотопов ^{57}Ni и ^{57}Co с энергией соответственно 127 и 122 кэВ создают значительный комптоновский фон в области низкоэнергетических γ-квантов, из-за чего представляется затруднительным определение в метеоритах некоторых микроэлементов, например U, Th, Sm, Nd.

Отметим, что получено удовлетворительное согласие наших результатов по содержанию химических элементов в исследованных образцах с данными химического анализа для латеритовых руд [11], с литературными данными для метеоритов и с данными рентгенофлуоресцентного анализа для кернов.

Заключение

1. Из представленных результатов следует возможность использования γ-квантов и фотонейтронов микротрона для недеструктивного многоэлементного анализа метеоритного вещества, геологических образцов, почвы и кернов из сверхглубоких скважин.

2. Комбинируя короткое (10 мин) и длительное (4 час) облучения возможно определить содержание 20—30 элементов в данных образцах.

3. Пределы чувствительности определения ряда элементов достигают 10^{-6} — $n \cdot 10^{-8}$ г/г.

Авторы выражают глубокую благодарность *Г. М. Колесову* и *В. Д. Нортикоеву* за предоставление образцов метеоритов и кернов, *Л. П. Кулькиной* и *В. Е. Жучко* за помощь при проведении экспериментов, *А. Г. Белову* за облучение образцов на микротроне.

Поступила в редакцию 14/IX, 1983 г.

Литература

[1] *Г. М. Колесов, Ю. А. Сурков*, Радиохимия, т. XXI, вып. 1, 1979, с. 138.

[2] *M. S. Chaudhary, S. Ahmad, I. H. Quereshi*, J. Radioanal. Chem. **57** (1980) 137

[3] *Е. И. Зайцев, Ю. П. Сотсков, Р. С. Резников*, Нейтронно-активационный анализ горных пород на редкие элементы ,,Недра", М. 1978

[4] *А. К. Лаврухина*, Нейтронно-активационное определение ультрамалых количеств элементов в метеоритном веществе. В сб.: Успехи аналитической химии. Изд. ,,Наука", М. 1974, с. 131

[5] *Ж. Гапзориг* и др., ОИЯИ, 6-7040, Дубна 1973

[6] *Е. М. Филиппов*, Ядерная разведка полезных ископаемых. Наукова думка. Киев 1978

[7] *Г. Н. Флеров, В. Я. Выропаев*, ОИЯИ, 13-8849, Дубна 1975

[8] *H.-U. Fusban, Ch. Segebade, B. F. Schmitt*, J. Radioanal. Chem. **67** (1981) 101

[9] *Ю. П. Вахрушин* и др., Линейные ускорители электронов для активационного анализа, В кн.: 4-ое Совещание по использованию новых ядерно-физических методов для решения научно-технических и народно-хозяйственных задач. ОИЯИ, Дубна, 1982, с. 71

[10] *Т. Т. Киселева* и др., Гамма-активационный анализ редкометаллического минерального сырья и продуктов его переработки. В кн.: 4-ое Совещание по использованию новых ядерно-физических методов для решения научно-технических и народно-хозяйственных задач. ОИЯИ, Дубна 1982, с. 253

[11] *А. Эрнандес, Д. Рубио*, ОИЯИ, 18-80-337, Дубна 1980

[12] *Ch. Engelmann*, J. Radioanal. Chem. **67** (1981) 221

[13] *А. Эрнандес, Л. П. Кулькина*, ОИЯИ, 18-80-846, Дубна 1980

[14] *А Эрнандес, А. Г. Белов*, ОИЯИ, 18-81-775, Дубна

[15] *А Эрнандес, А. Г. Белов*, Угловое распределение тормозного излучения из толстой мишени при разных порогах регистрации γ-квантов. В кн.: 4-ое Совещание по использованию новых ядерно-физических методов для решения научно-технических и народно-хозяйственных задач. ОИЯИ, Дубна 1982, с. 196

[16] *R. A. Schmitt, T. A. Linn*, jr., *H. A. Wakita*, Radiochim. Acta **13** (1970) 200

[17] *T Kamo*, J. Radioanal. Chem. **16** (1973) 307

[18] *A. Chatopadhyay, R. E. Jervis*, Anal. Chem. **46** (1974) 1630

[19] *M. G. Davydov, N. P. Dobrynina, W. A. Mantoptin, N. P. Naumor*, Radiochem. Radioanal. Letters **35** (1978) 67

[20] *C. Segebade, G. J. Lutz, H. P. Weise, H.-U. Fusban*, J. Radioanal. Chem. **67** (1981) 205

[21] *Н. Г. Гусев, П. П. Дмитриев*, Квантовое излучение радиоактивных нуклидов. ,,Атомиздат", М. 1977

Isotopenpraxis **20** (1984) 7, S. 279–281

Spurenanalyse an ^{99}Tc-Verbindungen mittels Funkenquellen-Massenspektrographie

H.-J. Dietze, S. Becker

(Zentralinstitut für Isotopen- und Strahlenforschung der AdW der DDR)[1])

Mit der Funkenquellen-Massenspektrographie lassen sich Übersichtsanalysen an ^{99}Tc-Verbindungen durchführen, wobei bis zu 65 Elemente gleichzeitig und mit Nachweisgrenzen der Größenordnung von ppb bestimmt werden können. Die Kontamination der Ionenquelle mit ^{99}Tc wurde gemessen.

The spark source mass spectroscopy renders possible survey analyses on ^{99}Tc compounds with the possibility to simultaneously detect 65 elements within the ppb range. The contamination of ^{99}Tc of the ion source was determined.

Keywords

contamination; electric sparks; mass spectroscopy; microanalysis; radioisotopes; technetium; trace amounts

Einleitung

Das außerordentlich hohe Nachweisvermögen der Funkenquellen-Massenspektrographie erlaubt eine Spurenanalyse bis in den ppb-Bereich bei einem Einsatz von Milligrammmengen an Probenmaterial. Durch diese Eigenschaft, verbunden mit der Möglichkeit der gleichzeitigen Bestimmung fast aller Elemente des Periodensystems, hat die Funkenquellen-Massenspektrographie (SSMS – spark source mass spectrometry) einen bevorzugten Platz unter den spurenanalytischen Analysenverfahren und läßt sie für die Übersichtsanalyse von radioaktivem Probenmaterial geeignet erscheinen. Deshalb wurde die Funkenquellen-Massenspektrographie auch zur Analyse von Uran, Transuraniumelementen und anderem radioaktivem Probenmaterial eingesetzt.

So zeigten *Johnsen* et al. [1] die Möglichkeit der Bestimmung von 70 Elementen in metallischem Plutonium und Americium, nachdem *Franklin* et al. [2] zwei Jahre zuvor die Möglichkeit der Funkenquellen-Massenspektrographie zur Analyse von Uran mit natürlicher und modifizierter Isotopenzusammensetzung demonstriert hatten. *Rymen* [3] bestimmte Spurenelemente in UO_2-PuO_2-Gemischen mit der für nichtleitendes pulvriges Probenmaterial bekannten spektrographischen Analysentechnik.

Technetium und seine Verbindungen haben in jüngster Zeit durch ihre Nutzung in Wissenschaft, Technik und Medizin an Bedeutung gewonnen [4, 5]. Neben der Bestimmung des Anreicherungsgrades des Technetiums oder von Technetiumverbindungen bei der Abtrennung des Tc aus Kernbrennstofflösung, ist auch der Reinheitsgrad des Ausgangs- und Endproduktes von Interesse. Für die Untersuchung der Reinheit von metallischem Technetium oder Technetiumverbindungen bietet sich die Funkenquellen-Massenspektrographie als spurenanalytisches Verfahren an. Von den langlebigen Tc-Nukliden ist das ^{99}Tc von besonderem Interesse.

Die Funkenquellen-Massenspektrographie radioaktiven Probenmaterials unterscheidet sich von der massenspektrographischen Analyse nichtaktiven Materials durch die bei der Probenvorbereitung notwendigen Maßnahmen der Kontaminationsvermeidung und durch eine erschwerte Auswertung der Massenspektren infolge Linienkoinzidenzen der Analysenlinien mit Linien radioaktiver Zerfallsprodukte. Die sich akkumulierende Kontamination des Massenspektrographen bei der Analyse größerer Probenzahlen bzw. Probenmengen ist ein zwar technisch lösbares Problem, kann aber mit der Zeit zu einer ernsthaften Behinderung der Arbeiten mit dem Funkenquellen-Massenspektrographen führen.

Instrumentelles

Für die Untersuchungen stand ein doppelfokussierender Massenspektrograph mit *Mattauch-Herzog*-Geometrie, Typ MX 3301, SKB Leningrad, mit Hochfrequenzfunkenionenquelle zur Verfügung. Die Funkenionenquelle war eine Eigenentwicklung mit verbesserten ionenoptischen Eigenschaften und einer verbesserten Funkenraumabschirmung zur Herabsetzung des Abflusses von positiv ionisierten radioaktiven Teilchen aus dem Funkenplasma in Richtung des auf Massepotential liegendem Ionenquellengehäuses. Die angewandten Analysenparameter sind in Tab. 1 zusammengestellt.

Das pulverförmige Probenmaterial wurde im Verhältnis 1:1 mit Reinstgraphit (Typ RWS Ringsdorff) gemischt, homogenisiert und zu Elektroden, 2 mm × 2 mm × 4 mm gepreßt. Dem Graphit wurde zuvor Rhenium als Internstandard zugemischt. Es wurden zwei solcher Elektroden in die Ionenquelle eingebaut. Die benötigte Probenmenge betrug für Elektroden dieser Abmessungen 20 mg. Der Ionennachweis erfolgte mit Photoplatten des Typs Ilford-Q2, wobei die Massenspektren mit abgestuften Expositionen von 10^{-5} nC bis 300 nC im Massenbereich von 8 u bis 280 u aufgenommen wurden. Die quantitative Auswertung der Massenspektren und die Berechnung der Elementkonzentrationen wurde halbautomatisch im off-line-Verfahren mit einem im ZfI entwickelten Datenerfassungssystem und mit einem Computer ES 1040 durchgeführt.

[1]) Anschrift: 7050 Leipzig, Permoserstr. 15

Tab. 1. Massenspektrograph MX 3301 und Analysenparameter

Ionenquelle	
Funkenspannung:	60 kV
Wiederholfrequenz:	1000 Hz
Impulsbreite:	100 µs
Beschleunigungsspannung:	18 kV
Ionentrennung	
Hauptspaltweite:	10 µm
Elektrostatischer Analysator:	Radius der mittleren Ionenbahn: 500 mm 31,8°-Sektorfeld
Magnetischer Analysator:	Radien der Ionenbahnen 66–600 mm 90°-Sektorfeld
Massenauflösungsvermögen:	8000
Ionendetektor	Ilford-Q2-Photoplatten
Expositionsbereich:	10^{-14} – $3 \cdot 10^{-7}$ C
Photoplattenauswertung:	halbautomatisch

Tab. 2. Verteilung der Aktivität in der Funkenionenquelle

Ionenquellenteil	Verteilung in %
Immersionslinse: 1. Blende	38
2. Blende	5
Ionisierungsraumabschirmung	22
Elektrodenhalterung	23
Isolatoren	5
Ionenquellenfenster	4
Gehäuse	3
Austrittsspalt	<0.1

Die Probenvorbereitung (Zerkleinerung, Mischen und Pressen) erfolgte in einem Laboratorium der Laborklasse II. Danach wurde das Elektrodenmaterial unter Berücksichtigung der Sicherheitsvorschriften in Teflonbehältern zum Massenspektrographen transportiert und ohne Glove-box-System in die Ionenquelle eingebaut. Zur Kontaminationskontrolle diente ein Universal-Radiometer vom Typ RUST-2. Zur Dekontamination wurden alle Teile der Ionenquelle demontiert und in dem obengenannten Laboratorium durch naßmechanische Bearbeitung dekontaminiert. In Tab. 2 ist die Verteilung der Aktivität in der Ionenquelle zusammengestellt. Man erkennt, daß die höchsten Aktivitäten auf der ersten Blende, der Abschirmung und den Elektrodenhaltern konzentriert sind.

Die Angaben beziehen sich auf eine Gesamtexposition von 450 nC, gemessen am Monitor zwischen elektrischem und magnetischem Feld, wozu etwa 3 mg Probensubstanz, z.B. TcO_2 verfunkt werden. Nach erfolgter Dekontamination liegen die gemessenen Aktivitäten unter 1% der ursprünglich gemessenen Aktivität und damit unter der Freigrenze für das Arbeiten mit ^{99}Tc, unter der Voraussetzung, daß die Ionenquelle nach jeder Aufnahme dekontaminiert wird. Von Aufnahme zu Aufnahme steigt dieser Wert jedoch an, weil radioaktive Atome in das Ionenquellenmaterial so tief implantiert werden bzw. durch Diffusionsprozesse eindringen, daß sie bei der Dekontamination nicht mehr erfaßt werden können. Dieser Umstand ist für das Ionenquellengehäuse von Bedeutung, da die anderen Ionenquellenteile ausgewechselt werden können. Die Kontamination des Ionenquellengehäuses kann durch auswechselbare Ta-Blechauskleidungen herabgesetzt werden.

Schwerer nachprüfbar und auch schwerer zu vermeiden sind Kontaminationen des UHV-Systems der Ionenquelle (UHV-Ventile, Meßzellen, Pumpen usw.). Ihr Vorhandensein erfordert bei Reparaturen, Austausch- oder Justierarbeiten an diesen Bauteilen besondere Vorsichtsmaßnahmen.

Meßergebnisse und Diskussion

Die qualitative Analyse von Verunreinigungen in Tc-Verbindungen ist dann problemlos, wenn sich keine anderen radioaktiven Elemente im Probenmaterial befinden. Ist dies der Fall, so wird die Analyse für diese Elemente erschwert oder unmöglich, weil die Isotopenhäufigkeitsverhältnisse als Nachweiskriterium für polynuklide Elemente nicht mehr benutzt werden können. Liegen die zu analysierenden Elemente als stabile Nuklide vor, kann die qualitative und quantitative Analyse des Probenmaterials auf Haupt-, Neben- und Spurenelemente mit den bekannten Methoden der Funkenquellen-Massenspektrographie erfolgen [6].

Die quantitative Auswertung wird über das Internstandardelement Rhenium durchgeführt, das als Ammoniumperrhenat bei der Probenvorbereitung dem Graphit zugemischt wird [7]. Wegen des einfachen Massenspektrums des ^{99}Tc führen Linienkoinzidenzen mit $Tc_mX_n^+$-Molekülionen, die vor allem als $Tc_mC_n^+$- und TcO_n^+-Ionen auftreten, nicht zu einer Störung der Analyse. In Abb. 1 ist die Häufigkeitsverteilung für die nachgewiesenen Technetiummolekülionen im Funken-Massenspektrum dargestellt.

Aus Tab. 3 ist zu entnehmen, daß durch die Linienkoinzidenzen mit Molekülionen nur die Analyse des mono-

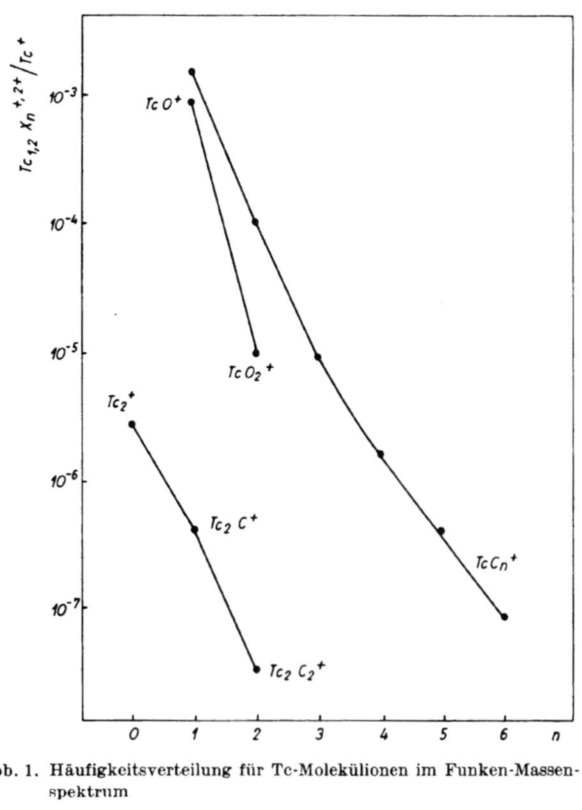

Abb. 1. Häufigkeitsverteilung für Tc-Molekülionen im Funken-Massenspektrum

Tab. 3. Linienkoinzidenzen durch Tc-Molekülionen

Molekülion	Masse des Molekülions m_n	gestörtes Nuklid bei der Masse m_n	ungestörte Nuklide zur Analyse
$^{99}T^{12}C_n^+$			
$n = 1$	111	Cd	^{112}Cd, ^{113}Cd, ^{114}Cd, ^{116}Cd
2	123	Sb	^{121}Sb
3	135	Ba	^{136}Ba, ^{137}Ba, ^{138}Ba
4	147	Sm	^{149}Sm
5	159	Tb	–
6	171	Yb	^{172}Yb, ^{173}Yb
$^{99}Tc_2{}^{12}C_n^+$			
$n = 1$	210	–	
2	222	–	
$^{99}Tc^{16}O_n^+$			
$n = 1$	115	In	^{113}In
2	131	–	
TcH^+	100	Mo, Ru	^{95}Mo, ^{96}Mo, ^{97}Mo, ^{98}Mo, ^{102}Ru, ^{104}Ru

nukliden Terbiums gestört wird. Für die Analyse der anderen Elemente stehen ungestörte Massenlinien zur Auswertung zur Verfügung.

Die gleichzeitige quantitative Analyse von 65 Elementen im Konzentrationsbereich von 100 Atom-% bis zu 10 ppb ist möglich. Die Nachweisgrenze des Analysenverfahrens beträgt für die angegebene maximale Exposition einige ppb.

Die durchschnittliche Reproduzierbarkeit des Analysenverfahrens liegt bei 25% relativer Standardabweichung. Für die Richtigkeit der Analysenergebnisse wird ein Fehlerfaktor zwischen 1 und 3 angenommen. Für viele Fälle der Übersichtsanalyse ist dieser Fehlerfaktor akzeptabel. Zur Verbesserung der Richtigkeit der Analysenergebnisse werden relative Elemententempfindlichkeitsfaktoren bestimmt, indem einer reinen TcO_2-Probe Reinstelemente zugemischt und mit den bekannten Gehalten dieser Elemente die Elementempfindlichkeitsfaktoren bestimmt werden.

Eingegangen am 14. 11. 1983

Literatur

[1] *A. J. Johnson, A. Kozy, R. N. Morris,* Talanta **16** (1969) 511

[2] *J. C. Franklin, E. B. Griffin, C. W. Catlett,* Spark source mass spectrographic analysis of uranium metal, USAEC Rep. Y-KG-44 Oak Ridge

[3] *T. Rymen,* Int. J. Mass Spectrom. Ion Phys. **47** (1983) 299

[4] *V. I. Spitzyn, A. F. Kuzina,* Technetium. Moskau: Nauka 1981

[5] *K. Schwochau,* Chem. Zeitg. **102** (1978) 329

[6] *H.-J. Dietze,* Massenspektroskopische Spurenanalyse. Leipzig: Akad. Verlagsges. Geest u. Portig 1975

[7] *S. Becker, H.-J. Dietze,* ZfI-Mitteilungen **46** (1981) 49

Isotopenpraxis **20** (1984) 7, S. 281 – 284

Untersuchungen zur Bildung von positiven Clusterionen unterschiedlicher Ladungszahl des Silizium-Graphit-Systems im Funkenplasma

H.-J. Dietze[1]), *S. Becker*[1]), *P. Franke*[2]), *C. Weiss*[2]), *J. Reinhold*[2])

([1]) Zentralinstitut für Isotopen- und Strahlenforschung der AdW; [2]) Sektion Chemie der Karl-Marx-Universität Leipzig)

Die Häufigkeitsverteilung der Clusterionen eines Siliziumdioxid-Graphit-Gemisches wird mittels Funkenquellen-Massenspektrographie untersucht. Unter Verwendung von hochangereichertem ^{29}Si *konnten doppelt geladene Siliziumcarbidionen* SiC^{2+} *und* SiC_2^{2+} *nachgewiesen werden. Quantenchemische SCF-Berechnungen mit Geometrieoptimierungen werden zur Diskussion experimenteller Resultate herangezogen.*

The abundance distribution of cluster ions of a silicon-graphite mixture is studied by means of spark source mass spectrometry. Silicon carbide ions SiC^{2+} *and* SiC_2^{2+} *could be detected using highly-enriched* ^{29}Si*. Quantum-chemical SCF calculations with geometry optimization were utilized to discuss experimental results.*

Keywords

carbon; electric sparks; ion pairs; ions; mass spectroscopy; plasma; quantum chemistry; silicon

Mehrfach positiv geladene Molekülionen, die bisher für die Analytik in der Massenspektrometrie wegen ihrer geringen Ionenintensitäten eine untergeordnete Rolle spielten, sind aus Elektronenstoßspektren seit Ende der 40er Jahre bekannt. Über die Bildung mehrfach geladener Moleküle durch Elektronenstoßionisation oder Feldionisation wird in einem Review-Artikel von *Mohler* [1] berichtet. Mehrfach geladene Ionen gewinnen in der Massenspektrometrie an Bedeutung, wenn sie z.B. für die Analytik nutzbar gemacht werden.

So werden mit Hilfe der 2E-Technik die durch Elektronenstoß erzeugten doppelt geladenen Ionen organischer Verbindung für deren Strukturanalyse verwendet [2]. Wegen der geringen Häufigkeit von dreifach positiv geladenen Molekülionen ist der Aufbau einer hochempfindlichen Massenspektrometrie zur Spuren- und Isotopenana-

Anschriften: [1]) 7050 Leipzig, Permoserstr. 15; [2]) 7010 Leipzig, Liebigstr. 10

lyse unter Verwendung von 3+-Atomionen denkbar [3 bis 5].

Die Bildung dreifach positiv geladener Molekülionen in Hochtemperaturplasmen (z.B. in Funken- oder Laserplasmen) konnte bisher nur von organischen Verbindungen nachgewiesen werden. Bei der Analyse kondensierter aromatischer Kohlenwasserstoffe mit der Funkenquellen-Massenspektrographie [6] wurde eine Stabilisierung dreifach geladener Molekül- und Fragmentionen mit zunehmendem Kondensationsgrad der Aromaten festgestellt. Die Nachweisgrenze dreifach geladener Molekülionen der in einer vorangegangenen Arbeit [7] analysierten anorganischen Spezies wurde mit $\sim 10^{-10}$ bestimmt.

Die Existenz mehrfach geladener Ionen von Siliziumverbindungen beschrieb *Vought* [8], der bei massenspektrometrischen Untersuchungen von Siliziumtetrachlorid doppelt geladene Fragmentionen $SiCl_3^{2+}$, $SiCl_2^{2+}$ und $SiCl^{2+}$ mit Ionisierungspotentialen von 33,8 eV, 37,3 eV bzw. 42,0 eV fand. *Dibeler* und *Mohler* [9] konnten bei der massenspektrometrischen Analyse von Siliziumtetrafluorid doppelt geladene Ionen SiF_n^{2+} ($n = 1, 2, 3$) nachweisen. Doppelt und dreifach positiv geladene Molekülionen sind von einigen siliziumorganischen Verbindungen bekannt, die durch Elektronenbeschuß ionisiert werden [10].

Untersuchungen von *Fürstenau* und *Hillenkamp* [11] zur Clusterionenbildung des Siliziums im Laserplasma mit einem LAMMA-Flugzeitmassenspektrometer ergaben Si_m^+-Ionen mit $m = 1-7$, wobei die Bildungswahrscheinlichkeiten mit wachsender Molekülgröße abnahmen. In Funken-Massenspektren [7] wurden ähnliche Zusammenhänge mit im Vergleich zu Laser-Massenspektren geringeren Molekülionenströmen beobachtet. Die von *Michiels* et al. [12] mit der LAMMA-Technik experimentell gefundene Molekülionenverteilung von $Si_m^\pm$- und $Si_mO_n^\pm$-Ionen ist den Resultaten von *Richter* und *Trapp* [13] mit Sekundärionen-Massenspektrometrie und von *Bouvy* und *Gauneau* [14] mit Funkenquellen-Massenspektrometrie ähnlich.

Silizium bildet in Hochtemperaturplasmen im Gemisch mit Kohlenstoff stabile Siliziumcarbid-Clusterionen. Unter Verwendung von Kohlenstoff als Trägermaterial in der Funkenquellen-Massenspektrometrie ist bei der Siliziumanalytik die Kenntnis der Clusterionenbildung von großem Interesse, da Interferenzen mit den Analysenionen die quantitative Bestimmung der Spurenverunreinigungen des Siliziums verfälschen [15]. Im allgemeinen ist über interferenzfreie Analysenlinien eine Spurenanalytik an Silizium möglich. Teilweise müssen jedoch bei auftretenden Interferenzen der Linien der Analysen- und Clusterionen über die experimentell gemessenen Clusterionenintensitäten die Analysenergebnisse korrigiert werden. Während in einer früheren Arbeit die Siliziumcarbidionenbildung des Silizium-Graphit-Systems im Funkenplasma unter Verwendung von elementarem Reinstsilizium [7] untersucht wurde, wird in dieser Arbeit ein mit ^{29}Si angereichertes Siliziumdioxid verwendet. Wegen der hohen Stabilität einfach positiv geladener Siliziumcarbid-Clusterionen wird auch die Existenz doppelt geladener Clusterionen in Hochtemperaturplasmen wahrscheinlich sein, deren Analyse unter Verwendung des hochangereicherten Siliziumtracers möglich wird.

Mit einer speziellen Präparationstechnik der Photoplatte zur Senkung des Sekundäruntergrundes wurde außerdem nach dem Auftreten dreifach positiv geladener Siliziumcarbid-Clusterionen in Funken-Massenspektren gesucht. Zur Interpretation der Häufigkeitsverteilung der nachgewiesenen Clusterionen wurden quantenchemische SCF-Berechnungen (CNDO/2-Verfahren) durchgeführt.

Für die Untersuchungen zur Clusterionenbildung im Silizium-Graphit-System stand ein doppelfokussierender Massenspektrograph mit *Mattauch-Herzog*-Geometrie, Typ MX 3301, SKB Leningrad, mit einer HF-Funkenionenquelle zur Verfügung. Das Massenauflösungsvermögen des Massenspektrographen betrug 8000. Als Probenmaterial wurde $^{29}SiO_2$ (Anreicherungsgrad 89,4%) mit Reinstgraphit im Verhältnis 1:1 gemischt und zu Elektroden gepreßt. Die Ionenerzeugung erfolgte in einer HF-Funkenionenquelle, in der zwischen zwei Elektroden das Probenmaterial in einem HF-Funkenplasma (Funkenspannung: 40 bis 60 kV; Wiederholfrequenz: 10 bis 1000 Hz; Impulsbreite: 10 bis 100 µs) verdampft und ionisiert wird.

Der Ionennachweis erfolgte mit Photoplatten des Typs ILFORD-Q2. Die Massenspektren wurden mit abgestuften Expositionen von 10^{-5} nC bis 400 nC im Massenbereich von 1 u bis 250 u aufgenommen.

Zur Suche nach den dreifach geladenen Siliziumcarbidionen SiC_n^{3+} ($n = 1-4$) in Funken-Massenspektren wurde durch Änderung des Magnetfeldes ein Massenbereich von 1 u bis 50 u eingestellt. Die durch die Hauptlinien des Kohlenstoffs und Siliziums im unteren Massenbereich hervorgerufene hohe Sekundäruntergrundschwärzung kann herabgesetzt werden, wenn die Hauptlinien mit einer leitenden Schicht abgedeckt werden, die keine Sekundärionen und -elektronen emittiert [16, 17].

In dieser Arbeit wurde Polyvinylchlorid in Tetrahydrofuran gelöst und mit einem Überschuß Graphit homogen vermischt. Die im Massenbereich von 12 u bis 13 u und 28 u bis 30 u aufgetragene Schicht (gemessener Widerstand ≈ 1 kΩ) wird mit der Plattenkassette leitend verbunden.

Die Auswertung der Massenspektren erfolgte halbautomatisch. Die Berechnung der Häufigkeitsverteilung der Clusterionen des Siliziums wurde mit einem Computer ES 1040 durchgeführt. Die Meßergebnisse wurden durch Mehrfachbestimmung abgesichert. Es ergab sich eine Reproduzierbarkeit der Meßergebnisse von 20%.

Bei der Analyse des Silizium-Graphit-Systems werden im Funkenplasma homonukleare Clusterionen des Kohlenstoffs $C_n^{+,-}$, des Siliziums $Si_n^{+,-}$ und heteronukleare Siliziumcarbid-Clusterionen $Si_mC_n^{+,-}$ gebildet. Unter Verwendung von Siliziumdioxid als Probenmaterial entstehen außerdem $Si_mO_n^{+,-}$-Ionen. In der Funkenquellen-Massenspektrometrie werden im allgemeinen nur positive Ionen verwendet.

Die Bildungsrate von Siliziumoxidionen $Si_mO_n^+$ ist in Funkenplasmen wesentlich geringer als in Laserplasmen [12] und bei SIMS [13].

Die Häufigkeitsverteilung der einfach positiv geladenen Kohlenstoffcluster in Funken-Massenspektren wurde in einigen Arbeiten eingehend untersucht [18–20]. *Cornides* und *Morvay* [21] fanden bei Messung der Ionenintensitäten doppelt geladener Kohlenstoffcluster in Funken-Massenspektren eine den einfach geladenen Spezies äquivalente Häufigkeitsverteilung. Dreifach geladene Clusterionen konnten noch nicht in Hochtemperaturplasmen nachgewiesen werden.

Die Intensitäten der homonuklearen Siliziumclusterionen Si_m^+ sinken in Hochtemperaturplasmen mit wachsender Molekülgröße. Beim Vergleich der Massenspektren eines SiO_2-Graphit- und Reinstsilizium-Graphit-Gemisches [6] ist festzustellen, daß unter Verwendung des Siliziumdioxids geringere Ionenintensitäten für alle Clusterionen gemessen werden. Die dimeren Siliziumionen Si_2^+ werden im Massenspektrum von SiO_2 mit einer relativen Ionenintensität von $1{,}1 \cdot 10^{-4}$ und unter Verwendung von elementarem Silizium mit $1{,}3 \cdot 10^{-3}$, die trimeren Ionen Si_3^+ mit $3{,}7 \cdot 10^{-7}$ bzw. $2{,}9 \cdot 10^{-4}$ bezüglich der Atomionen Si^+ bestimmt. Für die Siliziumcarbid-Clusterionen, deren Häufigkeitsverteilung in Abb. 1 dargestellt ist, gilt Ähnliches. Lediglich die SiC^+-Ionenhäufigkeit wurde bei der Analyse von Siliziumdioxid im Vergleich zu elementarem Silizium um den Faktor 3 höher bestimmt. Die Siliziumcarbidionen SiC_n^+, die bis $n = 12$ nachgewiesen werden konnten, zeigen bis $n = 8$ eine den Kohlenstoffclustern äquivalente Häufigkeitsverteilung. Es kann demzufolge vermutet werden, daß die räumliche Anordnung der Atome identisch ist, d. h., diese Clusterionen liegen in Hochtemperaturplasmen in Kettenstruktur vor.

Die für $n \geqq 9$ von den Kohlenstoffclustern abweichende Häufigkeitsverteilung der SiC_n^+-Spezies könnte auf unterschiedliche Strukturen zurückzuführen sein. Wird für die Kohlenstoffcluster C_n^+ für $n > 9$ in der Häufigkeitsverteilung eine Viererperiodizität beobachtet, die durch die Ausbildung ringförmiger Spezies in Hochtemperaturplasmen erklärbar ist, so sind für die SiC_n^+-Spezies ($n \geqq 9$) beispielsweise linear verzweigte Strukturen denkbar.

Ein Beitrag zur Klärung der Häufigkeitsverteilung von ein- und mehrfach geladenen Molekülionen ist mit Hilfe quantenchemischer Berechnungen möglich, die Aussagen zur Interpretation der experimentellen Daten und Voraussagen zu deren Bildungswahrscheinlichkeiten liefern können. Dazu wurde das semiempirische CNDO/2-Verfahren in seiner Standardparametrisierung (Si ohne *d*-Funktionen) [22] angewandt. Testrechnungen mit vollständiger Geometrieoptimierung an SiC_n^+-Ketten ergaben, daß gewinkelte und Ringstrukturen energetisch ungünstiger als lineare Strukturen sind. Deshalb wurden als Startgeometrie lineare Strukturen mit Silizium am Kettenende angenommen, wobei eine Geometrieoptimierung der Bindungslängen erfolgte.

Für die elektronische open-shell-Konfiguration wurden spinpolarisierte Rechnungen durchgeführt. Es wurden die quantenchemischen Totalenergien und Bildungswärmen, die als Maß für die Stabilität der Clusterionen angesehen werden können, sowie optimierte Geometrien, Ladungsverteilungen und Bindungsordnungen für SiC_n^{q+} berechnet.

Die experimentell nachgewiesene charakteristische Häufigkeitsverteilung der SiC_n^+-Clusterionen konnte durch die berechneten Bildungswärmen nicht wiedergegeben werden. Während aus Abb. 1 mit wachsender Kettenlänge eine Abnahme der Clusterionenintensitäten und damit ein Stabilitätsabfall dieser Spezies zu erkennen ist, ergab sich aus den CNDO/2-Berechnungen eine zunehmende Stabilisierung mit geringfügigem alternierendem Effekt.

Eine Aussage zur relativen Stabilität der SiC_n^+-Ionen läßt sich jedoch aus der Ladungsverteilung im Clusterion erzielen. Für alle untersuchten Spezies wird gefunden, daß die Atome an den Kettenenden jeweils positive Ladung tragen. Bei ungerader Atomzahl ändert sich das Vorzeichen der Ladung von Atom zu Atom. Aufgrund der überwiegend anziehenden *Coulomb*-Wechselwirkung sollte daher eine Stabilisierung im Unterschied zu den benachbarten Ketten mit gerader Atomzahl vorliegen. Bei diesen tragen i. allg. alle Atome gleiche (schwach positive) Ladungen.

Vergleichsrechnungen mit der MINDO/3-Methode [23], die für die Berechnung von Bildungswärmen besser geeignet ist, ergaben eine Korrelation der Bildungswärmen mit der experimentellen Intensitätsverteilung. Aus der Ladungsverteilung in den Clusterionen kann — wie bei den CNDO/2-Resultaten — auf eine Stabilisierung der Ionen mit ungerader Atomzahl relativ zu den benachbarten Spezies geschlossen werden.

Die in Funken-Massenspektren gemessenen Ionenintensitäten der Clusterionen mit mehreren Siliziumatomen sinken mit wachsender Kettenlänge (Abb. 1). Quantenchemische Berechnungen zu deren Stabilitäten werden zur Zeit noch durchgeführt.

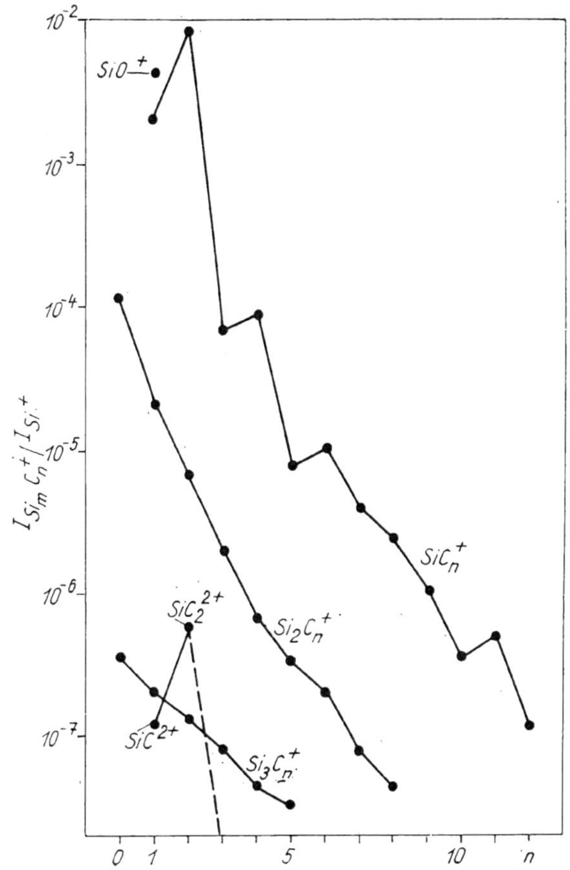

Abb. 1. Intensitätsverteilung der Siliziumcarbid-Clusterionen

Das Auftreten doppelt geladener Siliziumcarbidionen im Funken-Massenspektrum wurde mit einem ^{29}Si-Tracer untersucht. Es konnte die Existenz von SiC^{2+} und SiC_2^{2+} mit relativen Ionenintensitäten von $1{,}4 \cdot 10^{-7}$ bzw. $5{,}6 \cdot 10^{-7}$ nachgewiesen werden. Unter Berücksichtigung der Nachweisgrenze der SiC_3^{2+}-Ionen ($\leqq 10^{-8}$) wird für die Ionen eine den einfach geladenen Spezies äquivalente Häufigkeitsverteilung erhalten, was den von *Cornides* und *Morvay* [21] gefundenen Zusammenhängen zur Bildung doppelt geladener Kohlenstoffcluster im Funkenplasma entsprechen würde. Die geringen Ionenintensitäten der größerkettigen Siliziumcluster und der Ionen mit mehreren Siliziumatomen sind durch sinkende Stabilität oder Bildungswahrscheinlichkeit mit wachsender Ionengröße im Hochtemperaturplasma erklärbar. Da mehrfach geladene Clusterionen in Hochtemperaturplasmen vermutlich durch aufeinanderfolgende Elektronenstoßionisation entstehen, sind nur von den Ionen mit hohen Intensitäten im einfach positiven Ladungszustand mehrfach geladener Spezies wahrscheinlich. Dreifach geladene Siliziumcluster SiC_n^{3+} geringer Kettenlänge $n = 1-4$ wurden mit der eingangs beschriebenen Methode bei den Massen 13 2/3 u, 17 2/3 u, 21 2/3 u und 25 2/3 u in hochexponierten Spektren gesucht. Die im unteren Massenbereich in Nähe der Hauptlinien des Kohlenstoffs und Siliziums starke Sekundäruntergrundschwärzung konnte durch Abdecken der Hauptlinien um zwei Größenordnungen herabgesetzt werden. Es konnten jedoch keine SiC_n^{3+}-Ionen gefunden werden (Nachweisgrenze $\leqq 10^{-10}$). Die Nachweiswahrscheinlichkeit mehrfach geladener Clusterionen würde wachsen, wenn durch Variation der Plasmaparameter und des Silizium-Kohlenstoff-Konzentrationsverhältnisses im Probenmaterial Bedingungen gefunden werden, bei denen die einfach geladenen Spezies mit höheren Ionenintensitäten erhalten werden. So wären z.B. in einem Laserplasma mit einer Leistungsdichte $\Phi \approx 10^9$ W/cm², bei der im allgemeinen im Vergleich zum Funkenplasma höhere Molekülionenströme gemessen werden, mit größerer Wahrscheinlichkeit dreifach geladene Siliziumcarbidionen zu erwarten.

Die quantenchemischen Rechnungen an den doppelt geladenen SiC_n^{2+}-Ionen ergaben qualitativ gleiche Resultate wie für die einfach geladenen Spezies. Für höher geladene Ionen können zur Zeit noch keine eindeutigen Aussagen über deren relative Stabilität gemacht werden. Die Berechnungen ergaben eine zunehmende Stabilisierung mit wachsender Kettenlänge. Dieser theoretische Befund ist durch eine wachsende Ladungsdelokalisation erklärbar. Die Ionen SiC^{3+} und SiC^{4+} werden mit der CNDO/2-Methode als nichtstabile Strukturen erhalten.

Zur weiteren Klärung der Bildung mehrfach geladener Molekül- oder Clusterionen in Hochtemperaturplasmen werden zur Zeit Untersuchungen des Silizium-Graphit-Systems in einer Laserionenquelle durchgeführt.

Eingegangen am 14. 11. 1983

Literatur

[1] *F. L. Mohler*, Nat. Bur. Stand. (U. S.) Tech. Note 243, US Department of Commerce, Washington, DC (1964)
[2] *L. A. Teleshefsky, B. E. Jones, L. E. Abbey, D. E. Bostwick, E. M. Burgess, T. F. Moran*, Org. Mass Spectrom. **17** (1982) 481
[3] *R. A. Muller, E. J. Stephenson, T. S. Mast*, Science **201** (1978) 347
[4] *H.-J. Dietze, S. Becker*, ZfI-Mitt. **57** (1982) 1
[5] *G. M. Ter-Akopian, G. M. Arzumaman, D. D. Bogdanov, Ju. A. Bykovsky, Z. Kozlowski, A. M. Rodin, S. M. Silnov, S. V. Stepantsov, G. N. Flerov*, Ultrasensitive Mass-Spectrometer „Lidia", Dubna-Ber. E 13-82-639, 1982
[6] *S. Becker, H.-J. Dietze*, Int. J. Mass Spectrom. Ion Phys. (1983) **54** (1983) 337
[7] *S. Becker, H.-J. Dietze*, Int. J. Mass Spectrom. Ion Phys. **51** (1983) 325
[8] *R. H. Yought*, Phys. Rev. **71** (1947) 93
[9] *V. H. Dibeler, F. L. Mohler*, J. Res. NBS **40** 25 (1948) RP 1853
[10] *V. H. Dibeler, F. L. Mohler, R. M. Reese*, J. Chem. Phys. **21** (1953) 180
[11] *N. Fürstenau, F. Hillenkamp*, Int. J. Mass Spectrom. Ion Phys. **37** (1981) 135
[12] *E. Michiels, A. Celis, R. Gijbels*, Int. J. Mass Spectrom. Ion Phys. **47** (1983) 23
[13] *C.-E. Richter, M. Trapp*, Int. J. Mass Spectrom. Ion Phys. **38** (1981) 21
[14] *G. Bouvy, M. Gauneau*, Analysis **1** (1972) 15
[15] *S. Becker, H.-J. Dietze*, Bericht des ZfI. Massenspektrographische Ergebnisse von Spurenelementgehalten in Rohsilizium, Leipzig 1982
[16] *N. W. H. Addink*, Nature **211** (1966) 1168
[17] *H.-J. Dietze, W. Lüdke*, Exp. Techn. Phys. **17** (1969) 289
[18] *E. Dörnenburg, H. Hintenberger, J. Franzen*, Z. Naturforsch. **16a** (1961) 532
[19] *H.-J. Dietze, S. Becker, I. Opauszky, L. Matus, I. Nyáry, J. Frecska*, Microchimica Acta [Wien] **1983, III**, 263
[20] *I. Cornides*, Int. J. Mass Spectrom. Ion Phys. **45** (1982) 219
[21] *I. Cornides, L. Morvay*, Mass Spectrom. **31** (1981) 81
[22] *J. A. Pople, D. P. Santry, G. A. Segal*, J. Chem. Phys. **43** (1965) 129; *J. A. Pople, G. A. Segal*, J. Chem. Phys. **43** (1965) 136; **44** (1966) 3289
[23] *R. C. Bingham, M. J. S. Dewar, D. H. Lo*, J. Amer. Chem. Soc. **97** (1975) 1285

Isotopenpraxis **20** (1984) 7, S. 284

Buchbesprechungen

Physikalische Effekte
Anwendungen, Beschreibungen, Tabellen

J. Schubert. Weinheim: Physik-Verlag 1982, XIV, 137 S.; gebunden DM 42,—

Viele Erscheinungen, Phänomene oder Wirkungen in der Natur werden als Effekte bezeichnet. Oft sind sie nach ihren Entdeckern benannt; sie durchziehen praktisch die gesamte Literatur, und es ist durchaus nicht selten, daß auch der gebildete Leser nicht immer weiß, was sich hinter der einen oder anderen Bezeichnung konkret verbirgt.

Im vorliegenden Buch sind über 350 bedeutende physikalische Effekte zusammengetragen, lexikalisch kurz und ohne Formeln beschrieben und mit Hinweisen auf Original- oder andere, weiterführende Literatur versehen. In einem Anhang sind etwa 50 weitere, weniger grundlegende Effekte aus dem Gebiet der Physik ohne zusätzliche Hinweise erläutert, und in einem tabellarischen Teil, der nach Teilgebieten wie Atom- und Quantenphysik, Elektrizität und Magnetismus, Flüssigkristalle, Kernphysik, Optik, Plasma, Tieftemperaturen und viele andere geordnet ist, sind die meisten der erstgenannten Effekte nach dem Schema: „Ursache — Wirkung — Name" stichwortartig zusammengestellt. Die abschließende Chronologie gestattet eine historische Einordnung der angeführten Effekte.

Die Art der Darstellung einschließlich der Querverweise im lexikalischen Teil zu den Tabellen und kurze biographische Anmerkungen über die Entdecker der Effekte erhebt das Buch zu einem kleinen, speziellen Lexikon der Physik, das vieles leicht nachlesen läßt, was in der Literatur, einschließlich moderner Enzyklopädien, nur mühsam oder überhaupt nicht zu finden ist. Es ist für jeden Naturwissenschaftler und Ingenieur eine echte Arbeitshilfe.

J. Holzhey

ISOTOPENPRAXIS

Volume 20 1984 Number 7

Contents

Inhalt

Isotopenpraxis is indexed in Current Contents/PC & ES, Science Citation Index, and INIS Atomindex

FSC
www.fsc.org
MIX
Papier | Fördert gute Waldnutzung
FSC® C083411

Zeitfracht Medien GmbH
Ferdinand-Jühlke-Straße 7
99095 Erfurt, Deutschland
produktsicherheit@kolibri360.de